3ds Max
室内设计和景观设计效果图项目式教学实训教程

第三版

高职高专艺术学门类
"十四五"规划教材

职业教育改革成果教材

■ 主　编　蒋国良
■ 副主编　马　博　卫艳荣　郑丽伟　赵凯　师玉洁

A R T　D E S I G N

华中科技大学出版社
http://www.hustp.com
中国·武汉

图书在版编目(CIP)数据

3ds Max 室内设计和景观设计效果图项目式教学实训教程/蒋国良主编.—3 版.—武汉：华中科技大学出版社,2019.8
(2023.1重印)

高职高专艺术学门类"十四五"规划教材

ISBN 978-7-5680-5641-0

Ⅰ.①3… Ⅱ.①蒋… Ⅲ.①室内装饰设计-计算机辅助设计-三维动画软件-高等职业教育-教材 ②景观设计-计算机辅助设计-三维动画软件-高等职业教育-教材 Ⅳ.①TU238-39 ②TU986.2-39

中国版本图书馆 CIP 数据核字(2019)第 178020 号

3ds Max 室内设计和景观设计效果图项目式教学实训教程(第三版) 蒋国良 主编

3ds Max Shinei Sheji he Jingguan Sheji Xiaoguotu Xiangmushi Jiaoxue Shixun Jiaocheng(Disan Ban)

策划编辑：彭中军

责任编辑：彭中军

封面设计：优 优

责任监印：朱 玢

出版发行：华中科技大学出版社(中国·武汉)　　电话：(027)81321913
　　　　　武汉市东湖新技术开发区华工科技园　　邮编：430223

录　　排：华中科技大学惠友文印中心

印　　刷：湖北金港彩印有限公司

开　　本：880mm×1230mm　1/16

印　　张：12

字　　数：397 千字

版　　次：2023 年 1 月第 3 版第 3 次印刷

定　　价：69.00 元

序言
Preface

高职教育在国内已有二十多年的实践经历,其人才培养目标与模式、课程体系与教学内容、实践实训教育等一直在不断的探索之中,各地各校都积累了丰富的经验,其中艺术设计教育也先后在各高职院校中生根开花,结出可喜的果实。现在许多高职院校都已开设了不同类型的艺术类专业,虽专业方向和人才培养目标大都相似或相近,但办学特色各有不同,在遵循职业教育规律的前提下,各自做着有益的探索。

与欧美发达国家相比,我国的职业教育还比较年轻。因为国情的不同和各校实际办学条件的差异性等因素,我国职业艺术教育的办学质量和人才培养水平还有一个很大的提高空间。无锡工艺职业技术学院自2008年起,在学院内实行项目式课程改革,摸索校企合作模式,积累专业改革与课程建设的经验,以此强化办学特色,提高人才培养质量和办学水平。环境艺术系的室内设计技术专业作为首轮试点专业,相应进行了一系列的改革试验。

依照"合作办学,合作育人,合作就业,合作发展"的方针要求,我们自始至终密切联系行业与企业,在建设过程中的各个环节,校企双方都共同参与了改革与建设工作,包括行业调研、制订改革与建设方案、岗位工作任务论证、职业能力分析、课程体系确立、课程标准制订与项目设计、课程实施和课程与教材建设等,这些工作倾注了行业与企业专家、专业教师们的大量心血。如今,建设工作已近尾声,我们在经历了这样一场全面的专业改造与课程建设工程后,对高职教育的认识、课程改革的内涵、校企合作的意义,以及自身观念和能力的提高等都有了切肤之感。

在系列建设项目中,教材建设是一项十分重要的内容。它来源于人才培养方案,并依据课程标准和项目设计而定。室内专业的岗位课程按照项目导向、任务驱动的特点而设计,力争做到课程标准与行业标准对接、学习内容与工作任务对接、学习环境与工作环境对接,使学生尽早熟悉真实的工作环境。在此基础上,我们制订了系列化的岗位课程教材建设计划,并明确了由行业、企业专家参与合作的要求,对编写指导思想和编写体例等作了统一的要求。教材在形式和内容设计上、在反映项目化课程特点上,都是一次有益的尝试,并能获得学生和行业、企业的认同,也真诚希望大家提出宝贵建议,帮助我们进一步完善该系列教材。

本书相关素材可扫描下面二维码获取。

《3ds Max室内设计和景观设计效果图项目式教学实训教程(第三版)》教学资源二维码(提取码为 mi29)

徐 南

2019年7月28日于江苏宜兴溪隐小筑

前言
Preface

3ds Max(全称 3D Studio Max)2012 是 Autodesk 公司开发的三维动画制作工具,功能非常强大,从用户界面到建模、材质和渲染都有它的独到之处,并且操作简单,是应用最广泛的三维建模和动画制作软件之一,特别是在室内外效果图设计中应用特别广泛。

作为高职院校艺术设计专业的学生,利用 3ds Max 2012 制作室内外效果图不仅是必须要学好的专业课程,也是成为一个高素质技能型人才必须掌握的专业技能。因此,掌握这门技术,对适应艺术设计专业的工作岗位具有深远的意义。

学生要在短短几周内学完这门课程,而且还要制作出比较完善的效果图是有一定难度的。虽然现在计算机技术比较普及,但平时学生也很少有机会接触 3ds Max 2012,且学生学习 3ds Max 效果图制作缺乏主动性。几周课程学习过后,虽然能跟着老师做完一张效果图,但整体的思路还是有些混乱,所以,引入项目式实训教学是学好 3ds Max 效果图制作的关键。本书在讲解基础知识的同时,结合实例应用,提高学生的实际应用能力。本书主要章节内容如下。

项目训练一:3ds Max 2012 基础知识,内容包括效果图的制作流程、3ds Max 2012 的工作界面、3ds Max 2012 的基本概念及操作方法。

项目训练二:客厅效果图制作,详细介绍了制作客厅效果图的基本建模的创建方法,以及 VRay 材质的设置、布光、渲染方法。本项目主要是学习客厅效果图制作的基本操作流程。

项目训练三:卧室效果图制作,详细介绍了制作卧室效果图的基本建模的创建方法,以及 VRay 材质的设置、布光、渲染方法及后期制作。本项目主要是学习卧室效果图制作的基本操作流程。

项目训练四:茶室效果图制作,详细介绍了制作茶室效果图的基本建模的创建方法,以及 VRay 材质的设置、布光、渲染方法及后期制作。本项目主要是学习茶室效果图制作的基本操作流程。

项目训练五:小区大门效果图制作,详细介绍了制作小区大门效果图的基本建模的创建方法,以及 VRay 材质的设置、布光、渲染方法及后期制作。本项目主要是学习小区大门效果图制作的基本操作流程。

本书编者多年从事 3ds Max 教学,对于效果图的建模及目前一些主流渲染器的使用方法有一些独到的应用和理解。希望初学者通过本书学习,能提高自己效果图设计制作的能力。

编　者
2019 年 7 月

客厅效果图 1

客厅效果图 2

卧室效果图 1

卧室效果图 2

茶室效果图 1

茶室效果图 2

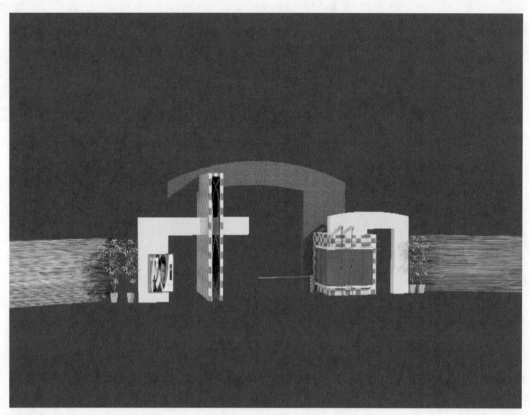

某小区大门效果图 1

某小区大门效果图 2

目录
Contents

Max Shinei Sheji he Jingguan Sheji Xiaoguotu Xiangmushi Jiaoxue Shixun Jiaocheng

项目训练一

3ds Max 2012基础知识

3ds Max自诞生以来,它的出色表现就受到了室内及景观设计师的青睐,经过二十几年的发展及版本的升级,3ds Max软件的功能不断得到完善。目前,最新版本为3ds Max 2018,本书版本为3ds Max 2012。本书通过项目式教学的方式,全面系统地讲解了3ds Max 2012在室内及景观效果图设计中的使用方法、制作技巧,以及如何使用项目任务来完成效果图的制作。项目训练一主要介绍3ds Max 2012的工作界面及命令的操作,有助于制作室内和景观效果图的项目式技能训练学习。

第一部分
目标任务及活动设计

一、教学目标

最终目标:

熟悉3ds Max 2012建模工具及VRay渲染器制作室内及景观效果图的方法。

促成目标:

(1) 初步认识3ds Max 2012的工作界面、菜单、工具和命令;

(2) 了解3ds Max 2012软件的基本操作;

(3) 初步认识用VRay材质编辑各类材质;

(4) 了解在室内及景观场景中运用VRay阳光、VRay灯光、光度学灯光;

(5) 初步了解VRay渲染器界面、设置及渲染输出;

(6) 了解利用3ds Max 2012制作效果图的步骤和方法。

二、工作任务

(1) 在3ds Max 2012基础知识的基础上,能制作室内及景观模型。

(2) 初步制作VRay材质与贴图。

(3) 对室内设计及景观设计有一定的了解,掌握灯光设置方法。

(4) 能认识及初步操作渲染设置及后期制作。

三、活动设计

1. 活动思路

以一张室内效果图作为载体,通过示范教学,掌握用3ds Max 2012中的工具来制作室内效果图的步骤和方法,教学活动按照"模型制作—材质编辑—灯光制作—渲染设置"的制作流程来组织。通过临摹优秀的室内效果图,掌握制作效果图的基本方法。

2. 活动组织

活动组织的相关内容如表1-1所示。

表1-1 活动组织的相关内容

序号	活动项目	具体实施	课时	课程资源
1	讲解效果图制作知识	利用多媒体教学,对3ds Max软件进行总体介绍,并通过对效果图制作流程的介绍,使学生有更直观的了解	2	多媒体课件,图形工作站、优秀室内及景观效果图等
2	建模工具讲解	通过对3ds Max面板和建模工具的介绍,使学生有初步的了解	10	图形工作站,3ds Max软件、模型库等

续表

序号	活动项目	具体实施	课时	课程资源
3	VRay 材质的制作编辑	对 VRay 材质的制作进行讲解、示范	2	图形工作站,3ds Max 软件、材质库等
4	VRay 灯光制作	对光度学灯光、VRay 灯光制作进行讲解,并进行示范操作	2	图形工作站,3ds Max 软件、光域网文件等
5	渲染出图	对 VRay 渲染器进行讲解,并对渲染效果图进行示范操作	2	图形工作站,3ds Max 软件

四、活动评价

活动评价见表 1-2。

表 1-2 活动评价

评价等级	评价标准
优秀	掌握了室内效果图的制作步骤与方法,模型制作精细,材质、灯光处理的效果真实,模型透视关系好
合格	掌握了室内效果图的制作步骤与方法,有一定的模型制作能力,材质、灯光处理效果一般
不合格	熟悉室内效果图的制作步骤与方法,模型制作能力差,材质、灯光处理效果差

第二部分
项 目 内 容

模块一 3ds Max 2012 的工作界面

　　3ds Max 2012 的工作界面简洁明了,主要由标题栏、菜单栏、视图区、主工具栏、命令面板、状态栏、动画操作区、视图控制区等八个部分组成,如图 1-1 所示。

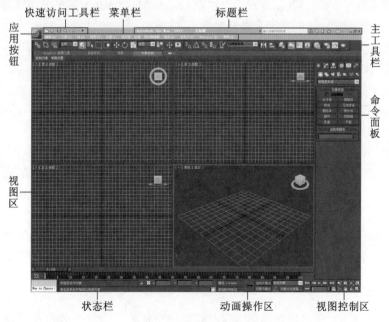

图 1-1 工作界面

一、标题栏

3ds Max 2012操作界面中最顶部的一行是系统的标题栏。位于标题栏最左边的是应用按钮,单击应用按钮可以打开一个快捷菜单。紧随其右侧的是快速访问工具栏,主要包括了常用文件管理工具。标题栏中间部分是文件名和软件名,信息栏位于标题栏右侧,在标题栏最右边的是 Windows 的三个基本控制按钮:最小化、最大化、关闭(见图1-2)。

图1-2　标题栏、菜单栏

二、菜单栏

菜单栏位于标题栏的下方、主工具栏的上方,它汇集了 3ds Max 2012 中的所有命令,工具栏及命令面板中所执行的命令在菜单栏中都能找到,如图1-2所示,它与标准的 Windows 应用程序相似,分为十二个项目。菜单中的命令项目如果带有"…"(省略号),表示会弹出相应的对话框;菜单中的命令项目如果带有小箭头,表示还有次一级的菜单;有快捷键的命令,右侧标有快捷键的按钮组合。

三、主工具栏

主工具栏位于菜单栏的下面、视图区的上方,是常用工具的快捷而直观的图标,如图1-3所示。它能提高工作的效率,其中的命令在菜单栏中都可以找到。有些按钮的右下角带有一个三角形标志,这表示可以显示子工具按钮,单击并按住鼠标左键不放就可以弹出相关的按钮。

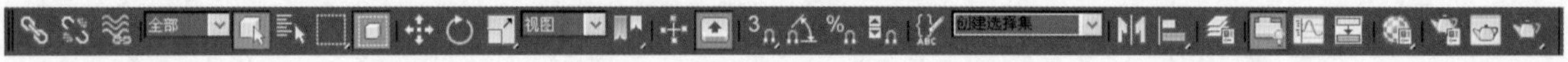

图1-3　主工具栏

四、命令面板

工作界面的右边区域是命令面板,它所处的位置表明它在 3ds Max 2012 的操作中起着举足轻重的作用,它分为六个选项卡面板,从左向右依次为创建面板、修改面板、层次面板、运动面板、显示面板和工具面板,里面的很多命令按钮与菜单中的命令是一一对应的。

命令面板中的命令是核心部分,同时也是较复杂的部分,3ds Max 2012 大部分操作需要在命令面板中完成,命令面板包括了场景中建模和编辑物体的常用工具及命令。

创建面板中的命令,主要是在场景中进行创建的。它包含七个子面板,分别为几何体、图形、灯光、摄影机、辅助对象、空间扭曲和系统,如图1-4所示。

修改面板中的命令,主要用于修改已经创建并选择的物体,如图1-5所示。

层次面板中的命令,多用于动画操作,可调节轴、反向动力学和链接信息等,如图1-6所示。

运动面板中的命令,主要用于动画的制作,如图1-7所示。

显示面板中的命令,主要用于显示或隐藏物体、冻结或解冻物体等,如图1-8所示。

工具面板中的命令,其主要作用是通过 MAX 的外挂程序来完成一些特殊的操作,如图1-9所示。

五、状态栏

状态栏位于视图区底部的左侧,如图1-10所示,主要用于对视图中对象的位置和状态进行提示说明。另外,在实际操作中,状态栏中的坐标输入区域会经常用到,通常用来精确调整对象的变换细节。

六、动画操作区

动画操作区如图1-11所示。动画操作区提供了各种动画控制按钮,用于制作动画和播放动画。

图 1-4　创建面板

图 1-5　修改面板

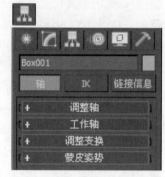

图 1-6　层级面板

图 1-7　运动面板

图 1-8　显示面板

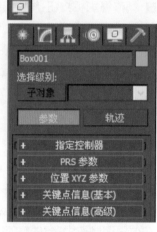

图 1-9　工具面板

图 1-10　状态栏

七、视图控制区

视图区的右下角为视图控制区,如图 1-12 所示。视图控制区包含八组命令按钮,这些按钮的主要功能就是调控视图的显示效果,使用户更好地观察所编辑的场景对象。熟练地使用视图控制区的功能可以提高制作效果图的工作效率。

■ 缩放按钮:放大或缩小当前激活的视图区域。

图 1-11　动画操作区　　　　　　　　　　　图 1-12　视图控制区

- 缩放所有视图按钮:放大或缩小所有视图区域。
- 最大化显示按钮:将所有的对象缩放到可视范围。
- 最大化显示选定对象按钮:将激活视图中的选择对象以最大化方式显示。
- 所有视图最大化显示按钮:所有视图都能最大化显示对象。
- 所有视图最大化显示选定对象按钮:所有视图中的选择对象以最大化的方式显示。
- 视野按钮:在透视图中推拉可以缩放透视图中的指定区域。
- 缩放区域按钮:拖动鼠标缩放视图中对象的选定区域。
- 平移视图按钮:在任意视图中可以平移观察视图。
- 环绕按钮:围绕场景旋转视图。
- 选定的环绕按钮:围绕选定的对象旋转视图。
- 环绕子对象按钮:围绕子对象旋转视图。
- 最大化视口切换按钮:当前视图处于最小化状态,按此按钮将使当前视图最大化。
- 推拉摄影机按钮:这种方式不改变目标点的位置,只改变出发点的位置。
- 推拉目标按钮:这种方式不会改变摄影机视图中的影像效果,只是移动摄影机目标点。
- 推拉摄影机+目标按钮:这种方式产生的效果与推拉摄影机相同,摄影机和目标点同时推拉。
- 透视按钮:以推拉出发点的方式来改变摄影机的镜头和视野大小。
- 视野按钮:固定摄影机的目标点与出发点,以推拉出发点的方式来改变摄影机的镜头和视野大小。
- 侧滚摄影机按钮:旋转摄影机的角度。
- 环游摄影机按钮:固定摄影机的目标点,使出发点围着目标点进行旋转观察。
- 摇移摄影机按钮:固定摄影机的出发点,对目标点进行旋转观察。

模块二　3ds Max 2012 制作效果图基础知识

一、单位设置

在 3ds Max 2012 中,有很多地方都要使用数值进行建模。例如,当创建圆柱体的时候,需要设置圆柱体的半径和高度。在默认情况下,3ds Max 使用英寸作为单位。

在效果图制作中,首先必须设置场景的单位,否则会导致建模和放置对象时无法准确地控制对象的位置,在灯光和渲染时,会造成布光不准确。目前,室内设计师在设计图纸时采用的单位都是以毫米为单位,所以在效果图建模时,首先确定为毫米。在 3ds Max 2012 中运用了单精度浮点运算的方式进行物体的定位,因此可以创建非常精确的模型。在 3ds Max 2012 中一般应设两个单位,即绘图单位和系统单位。

设置系统单位为毫米的具体操作如下。

(1) 重置 3ds Max 2012,选择【自定义】菜单,单击【单位设置】命令,打开【单位设置】对话框,如图 1-13 所示。

(2) 选择【公制】选项,在下拉列表框中选择【毫米】,如图 1-13 所示。

(3) 再单击【系统单位设置】按钮,在弹出的【系统单位设置】对话框中,选择下拉列表框中的【毫米】选项,如图 1-14 所示,单击【确定】按钮,系统单位设置完成。

二、自定义视图布局

3ds max 2012 共提供了 14 种视图的配置方案,这些配置方案都可以通过自定义菜单来实现。选择【视图】菜单,单击【视口配置】命令,在弹出的【视口配置】对话框中可以选择系统提供的各种配置方案,如图1-15所示。改变视图类型时可以通过快捷键来切换显示方式,有些视图则需要在场景中设置摄影机和灯光才能使用。

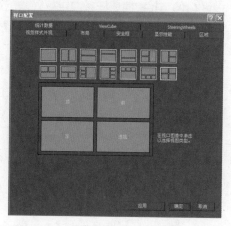

图1-13 【单位设置】对话框　　　　图1-14 【系统单位设置】对话框　　　　图1-15 【视口配置】对话框

　　(1)改变视图的大小。

　　可以有多种方法改变视图的大小和显示方式,将鼠标光标移动到视图与视图之间的边界时,鼠标光标将变成双向箭头的形状,这时可以通过拖动鼠标光标来改变视图的大小。要想恢复原来的视图大小,可以在视图之间的边界线上单击鼠标右键,弹出一个重置布局菜单项,单击它就会复原视图大小。

　　(2)改变视图的布局。

　　通过【视口配置】对话框,从14个视口图像中单击以选择视图类型。

三、对象捕捉设置

　　对于捕捉设置功能,系统提供了三个空间,包括二维、二点五维和三维,它们的按钮在一起,在按钮上按下鼠标左键不放即可以进行选择;在按钮上单击鼠标右键,可以调出【栅格和捕捉设置】对话框,如图1-16所示,在这个对话框中可以设定捕捉的类型与捕捉的精度等。

　　若在绘制图形时要启用捕捉,只要按下工具条中对应的捕捉按钮即可。图1-17为使用三维捕捉的实例。

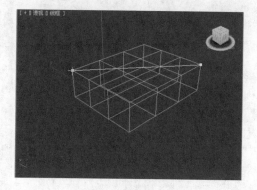

图1-16 【栅格和捕捉设置】对话框　　　　图1-17 三维捕捉实例图

【栅格和捕捉设置】对话框中的各项内容如下:

　　(1)栅格点,捕捉栅格的交点;

　　(2)栅格线,捕捉栅格线上的任意点;

　　(3)轴心,捕捉物体的轴心点;

　　(4)边界框,捕捉物体边界框的八个角;

　　(5)垂足,在视图中绘制曲线的时候,捕捉与上一次垂直的点;

　　(6)切点,捕捉样条线上相切的点;

　　(7)顶点,捕捉栅格物体或可编辑栅格物体的顶点;

（8）端点,捕捉样条曲线或物体的边界的端点;

（9）边/线段,捕捉物体的边或样条线上的任意位置;

（10）中点,捕捉样条曲线或对象的边界的中点;

（11）面,捕捉物体表面上的点,背面上的点无法捕捉;

（12）中心面,捕捉三角面的中心。

模块三　3ds Max 2012 的基本操作

一、建模基础

在 3ds max 2012 中,创建家具模型和景观模型的所有工作都是从命令面板开始的,可以创建几何体、图形、灯光、摄影机等各种不同的基本物体。

一般的创建方法是在命令面板中单击所要创建的物体的命令按钮,然后将光标放置在顶视图中按住鼠标左键,并沿对角线方向拖动鼠标创建物体,然后释放鼠标左键,上下移动、创建高度,最后单击鼠标左键完成创建。如图 1-18 所示,在创建面板中输入数值,然后确定操作,这样可以创建精确的模型物体。

二、对象的变换操作

1. 移动、旋转和缩放对象

要对对象进行移动、旋转和缩放,可以在工具栏上单击 这三个变换按钮之一,三个按钮分别是【选择并移动】、【选择并旋转】、【旋转并缩放】按钮。先将模型选中,再将其根据所定义的坐标方向空间上发生位置变化。如果要进行精确移动、旋转、缩放,可以将光标移到该按钮上单击鼠标右键,在弹出的对话框中的相应轴上后面的文本框中输入所需的值,按【Enter】键,即可以将所选模型沿相应轴进行精确距离的移动、精确角度的旋转和精确大小的缩放,如图 1-19 至图 1-21 所示。

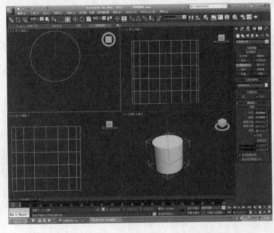

图 1-18　创建基本物体

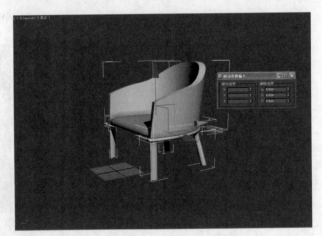

图 1-19　选择并移动示例

2. 复制对象

在室内或景观效果图建模中,经常要使用复制工具复制对象,如餐桌、椅子、沙发、植物等。3ds Max 2012 场景中,把这些复制出来的对象称为副本。3ds Max 2012 提供了复制、实例、参考三种复制物体的方法,它们都有各自特殊的属性。用它们对一种物体的复制对象进行调整,所得到的效果是不一样的。

使用 Shift+ 变换命令可以在变换对象的同时将其复制。按住【Shift】键进行操作,当释放鼠标时就会弹出【克隆选项】对话框,如图 1-22 所示,通过该对话框可以完成对象的复制。这种方法快捷通用,是复制对象

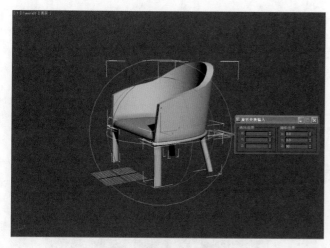

图 1-20　选择并旋转示例

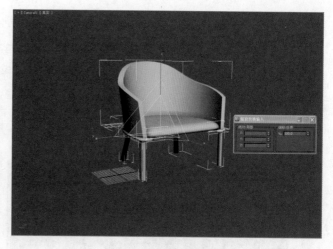

图 1-21　选择并缩放示例

时最为常用的方法。使用这种方法时,配合捕捉设置可以获得精确的结果,配合不同的变换中心和变换坐标系的方式,可以决定克隆对象的排列,配合不同的设置,可以创建线性或径向的复制。

　　复制,就是以原物体为标准,产生一个与原物体完全一样的独立的物体。新物体与原物体之间没有任何关联,修改新物体不会影响到原物体。

　　实例,以原始物体为标准,产生一个与原物体完全一样的物体,且原物体与新物体相互关联,对任何一个物体的修改都会影响到另一物体。

图 1-22　【克隆选项】对话框

　　参考,可以看成是单向关联复制,参考复制出的新物体与原物体间的关联是单向性的,修改原物体时,新物体会进行相同的修改;而修改新物体时,原物体是不会进行修改的。这种效果十分有用,因为在保持影响所有新物体的原物体的同时,新物体可以显示出自身的各种特性。

3. 镜像操作

　　首先,要选择进行镜像的对象,然后在主工具栏上单击【镜像】按钮，产生如图 1-23 所示的对话框。通过对话框的设置,可以决定模型的镜像方向、镜像的距离,以及是否产生复制品,如图 1-24 所示。

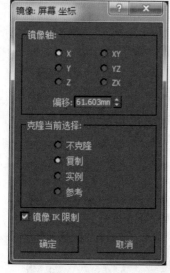

图 1-23　【镜像:屏幕坐标】对话框

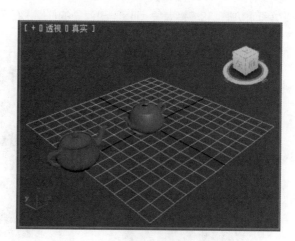

图 1-24　镜像复制对象示例

4. 阵列操作

首先,要选择进行阵列的对象,然后在主工具栏上单击【阵列】按钮,产生如图 1-25 所示的对话框。通过对话框的设置,将所选模型根据所定义的坐标轴方向,通过一定的距离、角度、大小及数量等,进行大量复制,如图 1-26 所示。

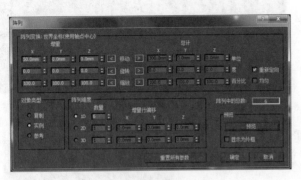

图 1-25 【阵列】对话框

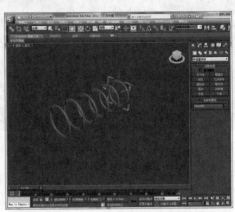

图 1-26 阵列复制效果

5. 对齐操作

如果要将选择的对象与目标对象对齐,只要选择工具栏中【对齐】工具,在目标对象上单击,就会弹出【对齐当前选择】对话框,如图 1-27 所示。通过对话框的设置可以选择所需要的对齐坐标、对齐方向和匹配比例。

三、修改面板

使用 3ds Max 2012 的创建面板,可以在场景中创建一些基本对象,包括标准基本体、图形、灯光、摄影机、空间扭曲和辅助对象,可以为每个对象指定一组各自的参数,该参数根据对象类型定义其几何特性和其他特性,放到场景中的对象将携带自身参数。在修改面板中可以修改这些参数。

选择修改面板可以执行以下操作。

(1) 编辑选择对象的创建参数。

(2) 经二维对象生成三维模型。

(3) 修改三维几何体。

(4) 将参量对象转化为可编辑对象。

使用修改器可以塑形和编辑对象,可以更改对象的几何形体及其属性,可以制作室内及景观模型,如图 1-28 所示。

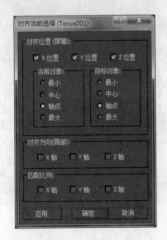

图 1-27 【对齐当前选择】对话框

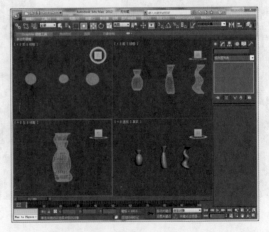

图 1-28 对象在修改器上进行拉伸、扭曲的效果图

四、材质编辑器

3ds Max 2012 的材质编辑是制作室内或环艺效果图最重要的内容之一,无论在哪一个应用领域,材质的制作都占据极其重要的地位,它包括众多参数的子选项的设置。

材质的制作是通过材质编辑器来完成的。材质编辑器的功能是制作、编辑材质和贴图,在 3ds Max 2012 中 VRay 材质编辑器的功能十分强大,它可以创建非常真实自然和不同质感的人造材质,只要能熟练掌握 VRay 材质编辑及贴图设置的方法,就可以很轻松地创建出任何效果的材质。

单击【材质编辑器】按钮 或按下键盘上的【M】键,就能调出【材质编辑器】对话框,如图 1-29 所示。利用【材质编辑器】对话框可以制作出各种材质。

五、灯光与摄影机

完成建模并不代表一幅效果图已经完成了,灯光设置得是否合理是评价效果图的一个重要标准。此外,效果图的环境设置是否合理也是影响效果图质量的重要因素。灯光、摄影机和环境的设置用于模拟现实生活中的光线照明、视角方向,以及自然环境、室内环境,进行具体设置时,也应遵循这些自然规律。

1. 设置灯光

在 3ds Max 2012 中,合理地运用灯光,对整个场景气氛的营造及增强效果图的表现力起着重要的作用。有了灯光,物体也就产生了丰富的自然效果,合理的灯光,能增强效果图的表现力。在灯光的设置中,不论是对单个的造型实施照明,还是对复杂的场景实施照明,灯光类型的选择和灯光参数的调整都不是没有根据的。在 3ds Max 2012 中,我们的任务主要是模拟实际场景,灯光的设置也应该以实际场景中光线的传递规律为基础。灯光面板如图 1-30 所示,利用灯光面板可以制作出真实的灯光环境。

2. 设置摄影机

在系统中,摄影机可以提供专门的视图,使用摄影机可以得到单幅图片,也可以创建多个摄影机,可以在一个场景中得到多个不同的视图。若摄影机的镜头和位置不同,则得到的摄影机视图也不同,设置一个好的摄影机视图可以增强效果图的表现力。因此,当确定了摄影机视图之后,一般不要再去改变。摄影机面板如图 1-31 所示。

图 1-29　【材质编辑器】对话框

图 1-30　灯光面板

图 1-31　摄影机面板

六、渲染输出

渲染输出是将 3ds max 2012 中创建的室内和景观模型场景转换为真正意义上的效果图的过程。在效果图制作过程中,由于一些效果在 3ds Max 2012 中不能实现或难以实现,而在其他应用软件中却较为简单,需要利用 Photoshop 等软件进行效果图的后期处理。

按下【F10】键或在工具栏上单击 按钮,打开【渲染设置】对话框,如图 1-32 所示,可以设置效果图的输出大小和要渲染的区域。

1. 默认渲染器

在效果图制作中,如果不需要特定渲染器,一般使用默认渲染器。【扫描线渲染器】是默认的渲染器。默认情况下,从【渲染设置】对话框渲染场景时,通常使用的是【扫描线渲染器】。使用【扫描线渲染器】可以渲染出各种标准材质和贴图,也可以渲染出标准灯光。

2. VRay 渲染器的介绍

VRay 渲染器是 Chaosgroup 和 Asgivs 公司出品的由中国曼恒公司负责推广的一款高质量的渲染软件。VRay 是目前业界最受欢迎的渲染引擎。基于 VRay 内核开发的有 VRay for 3ds Max、Maya 等诸多版本,为不同领域的优秀 3D 建模软件提供了高质量的图片和动画渲染。除此之外,VRay 也可以提供单独的渲染程序,方便使用者渲染各种图片。VRay 渲染器提供了一种特殊的材质——VrayMtl。在场景中使用该材质能够获得更加准确的物理照明(光能分布)和更快的渲染,反射和折射参数调节更方便。使用 VrayMtl,你可以应用不同的纹理贴图,控制其反射和折射,增加凹凸贴图和置换贴图,强制直接全局照明计算,选择用于反射的光线跟踪,如图 1-33 所示。

图 1-32 【渲染设置】对话框

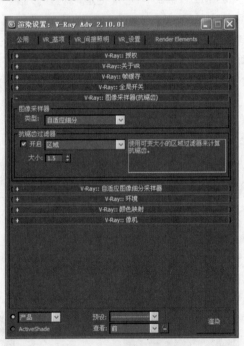

图 1-33 VRary 渲染设置

七、室内效果图、景观效果图制作流程

3ds Max 2012 软件能将三维效果图制作得非常逼真,它能非常直观地表现出室内设计师、景观设计师的设计思想,所以深受设计师和客户的欢迎。

三维效果图制作流程:三维建模→材质设置→灯光布置→用 VRay 渲染器渲染出图→用 Photoshop 为渲染出来的效果图做最后的处理。

1. 三维建模

在 3ds Max 2012 中,将 AutoCAD 图导入其中,根据 CAD 平面图对内部墙体进行勾勒,用【挤出】命令将勾勒的空间平面线型挤出成墙体外形,然后用【可编辑多边形】命令进行室内空间的单面建模。

用【创建】命令和【修改】命令创建出门、窗户、地面、吊顶灯模型。3ds Max 2012 的建模功能非常强大,室内外其他模型,如沙发、装饰画、灯具、绿化树等可以被创建出来,或者将模型从模型库中直接导入,导入场景的模型尺寸大小要与室内环境相适应,如图 1-34 所示。

2. 材质设置

创建好大体的框架后,打开材质编辑器,编辑并赋予室内、景观场景中物体的材质。注意表现出物体的仿真材质,如墙纸的纹理、不锈钢的反光、地砖的反光等。贴图的纹理大小要符合模型的大小,贴图的修改可以选择【UVW 贴图】修改器改变贴图的大小与方向,效果如图 1-35 所示。

图 1-34　创建室内模型示例

图 1-35　材质设置及贴图示例

3. 灯光布置

模型创建完成后就可以为场景设置灯光了。在 3ds Max 2012 中,灯光的类型分为标准灯光、光度学灯光、VRay 灯光等,可以分别用来模拟阳光、窗户光、筒灯、灯带等。灯光可以按照实际的情况来布置,如图 1-36 所示。

4. 用 VRay 渲染器渲染出图

完成以上工作以后就可以渲染出图了。可以用 VRay 渲染器来渲染,如图 1-37 所示。在进行灯光和材质的设置过程中,经常需要进行多次渲染,以便得到更好的效果。往往最后渲染出来的图片并不能达到要求,还需要在 Photoshop 中进行后期处理。

图 1-36　灯光布置示例

图 1-37　用 VRay 渲染器渲染出图

Max Shinei Sheji he Jingguan Sheji Xiaoguotu Xiangmushi Jiaoxue Shixun Jiaocheng

项目训练二
客厅效果图制作

　　从专业层面来说，客厅是指专门接待客人的地方。由于中国国情的限制，往往在建筑上把客厅与起居室的作用混为一谈。也就是说，大部分人的客厅兼有接待客人和生活日常起居作用。当然，有的建筑也会有专门的客厅和专门的起居室。客厅往往最显示一个人的个性和品位。在家居装修中，人们越来越重视对客厅的装潢。

　　客厅是交友娱乐的中心，如会客闲聊、看电视听音乐的地方。本训练对客厅着重考虑，努力做到大方、气派。客厅墙面色彩为米黄色，属暖色调，电视机背景墙是以木纹石饰面为主。客厅采用了方形的吊顶，有很强的现代感。客厅灯饰是家装中不可缺少的一部分，选用方形灯具不仅仅是用来照明的，它也可以用来装饰客厅。材质和光照都与室内功能和装饰风格相统一。

第一部分
客厅效果图目标任务及活动设计

一、教学目标

最终目标：

运用 3ds Max 2012 建模工具及 VRay 渲染器制作客厅效果图。

促成目标：

(1) 熟练运用 3ds Max 2012 命令进行基本操作；

(2) 运用 VRay 材质编辑各类材质；

(3) 在客厅场景中运用 VRay 阳光、VRay 灯光、光度学灯光；

(4) 运用 VRay 渲染器设置及渲染输出客厅效果图。

二、工作任务

(1) 在 3ds Max 2012 建模命令基础上，能制作客厅模型；

(2) 掌握 VR 材质与贴图的使用方法；

(3) 通过客厅灯光的布置、渲染的设置及后期制作来掌握效果图的制作方法。

三、活动设计

1. 活动思路

　　以一张客厅效果图作为载体，通过教师示范教学，让学生掌握运用 3ds Max 中的单面建模的方法制作客厅的墙体，运用建模工具创建电视背景墙、吊顶、室内家具等，学习使用 VRay 材质编辑器制作客厅的墙体材质、吊顶材质、地砖材质等，使用 VRay 太阳和 VRay 光源模拟客厅日景效果制作流程来组织活动。学生通过学中做、做中学，掌握客厅效果图的基本制作方法。

2. 活动组织

活动组织的相关内容见表 2-1。

表 2-1　活动组织的相关内容

序号	活动项目	具 体 实 施	课时	课 程 资 源
1	建模工具讲解	运用 3ds Max 建模工具制作客厅模型	20	图形工作站，3ds Max 软件、模型库等
2	VRay 材质的制作编辑	对 VRay 材质的制作进行讲解、示范	10	图形工作站，3ds Max 软件、材质库等

续表

序号	活动项目	具体实施	课时	课程资源
3	VRay 灯光设置	对客厅灯光进行讲解,并进行示范操作	10	图形工作站,3ds Max 软件、光域网文件等
4	渲染出图	对 VRay 渲染器进行讲解,用 VRay 渲染器渲染出客厅效果图	8	图形工作站,3ds Max 软件

四、活动评价

活动评价见表 2-2。

表 2-2　活动评价

评价等级	评价标准
优秀	掌握了客厅效果图的制作步骤与方法,模型制作精细,材质、灯光处理的效果真实,模型透视关系好
合格	掌握了客厅效果图的制作步骤与方法,有一定的模型制作能力,材质、灯光处理效果一般
不合格	熟悉了客厅效果图的制作步骤与方法,模型制作能力差,材质、灯光处理效果差

第二部分
客厅效果图项目内容

模块一　设置单位及导入平面图

一、设置单位

在绘制效果图之前,需要将 3ds Max 2012 软件中的单位设置成为"毫米"。选择菜单栏【自定义】菜单,单击【单位设置】命令,在弹出的【单位设置】对话框中选择"公制"选项下的"毫米",单击【系统单位】按钮,在弹出的【系统单位设置】对话框中将单位的比例设置为"毫米",设置完成后单击【确定】按钮关闭对话框,如图 2-1 所示。

图 2-1　设置单位

二、导入 CAD 平面图

建模时,为了使创建的客厅模型尺寸正确,经常采用将 AutoCAD 中绘制的室内平面施工图导入到 3ds Max 中作为绘制墙体图形参考的方法进行墙体绘制。创建方法如下。

打开导入工具➡️,单击【导入】命令,在弹出的【将外部文件格式导入到 3ds Max 中】对话框中,将下方的文件类型改为"原有的 AutoCAD",选择配套光盘中的【项目训练二】目录下的【平面图 dwg】文件,单击【打开】按钮,在弹出的【DWG 导入】对话框中选择【合并对象与当前场景】,单击【确定】按钮,在弹出的【导入 AutoCAD DWG 文件】对话框中直接单击【确定】按钮,如图 2-2 所示,导入完成后的结果如图 2-3 所示。

图 2-2　导入菜单

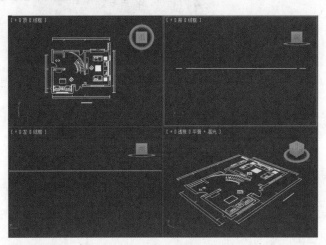

图 2-3　导入平面图完成

模块二　创建客厅室内框架

先用导入的客厅平面图形创建出墙体的基本外形,再创建出窗户窗帘等室内物件,其效果图如图 2-4 所示。

一、创建墙体

(1) 选择导入的 CAD 平面图,单击【组】菜单,选择【成组】命令,把 CAD 平面图成组,并命名为"客厅平面施工图"。选择"客厅平面施工图"并右击,在弹出的菜单中选择【冻结当前选择】的命令,把平面图暂时冻结起来,以免造成误操作,如图 2-5 所示。

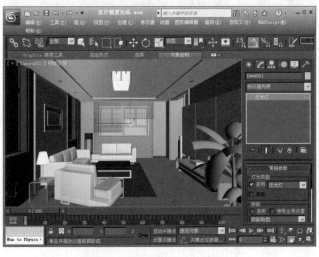

图 2-4　客厅室内模型

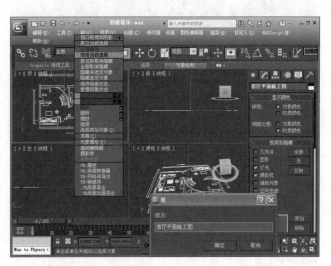

图 2-5　平面图成组冻结

(2) 在【捕捉开关】![]上面单击鼠标右键,打开【栅格和捕捉设置】对话框,勾选【顶点】捕捉方式,切换到【选项】面板,勾选【捕捉到冻结对象】,关闭对话框,如图2-6所示。

图 2-6　设置捕捉方式

(3) 进入【创建面板】中的【图形】面板,单击【线】按钮,在顶视图中参照客厅 CAD 平面图施工图内轮廓绘制一条封闭的曲线,命名为"墙体",如图2-7所示。

注意:CAD平面图上有窗户或门的地方,都必须画点,封闭样条线以后创建窗户或门。这样绘制的门或窗户会更准确。

(4) 选择墙体线,进入【修改面板】,打开名称下方【修改器列表】右边的下拉菜单,在列表中选择【挤出】修改器,进入【挤出】修改器后,将挤出的数量设置为"3050 mm",这是墙体的高度,如图2-8所示,这样就完成了墙体轮廓的创建工作。

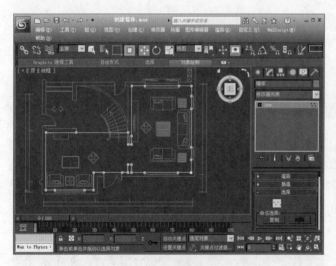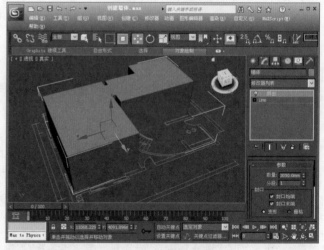

图 2-7　绘制墙线　　　　　　　　　　　　　图 2-8　挤出墙体

(5) 在墙体上单击鼠标右键,在弹出的菜单中选择【转换为】命令,再选择【转换为可编辑多边形】命令,将墙体转换为可编辑多边形,如图2-9所示。

(6) 进入【修改面板】,在修改堆栈中,选择【元素】层级,选择墙体,单击【翻转】按钮　**翻转**　将墙体翻转,如图2-10所示。

(7) 在透视视图左上角单击【真实】菜单,选择【线框】命令,将物体转换为线框显示模式,如图2-11所示。

二、创建客厅 B 向墙窗洞

(1) 调整墙体上的边,使其符合窗户的高度。选择物体,在【修改】命令面板中单击可编辑多边形左边的"+"号,激活【边】子对象,按【Ctrl】键,在透视图中同时选中如图2-12所示的两条边,被选中的边呈红色显示。

(2) 在【编辑边】卷展栏下单击,选择【连接】按钮后面的设置按钮![],创建两条连接边,如图2-13所示。

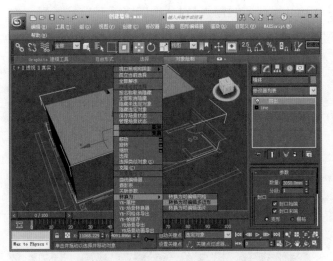

图 2-9 将墙体转换为可编辑多边形

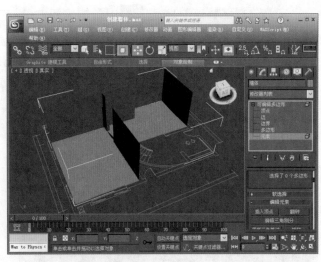

图 2-10 翻转墙体

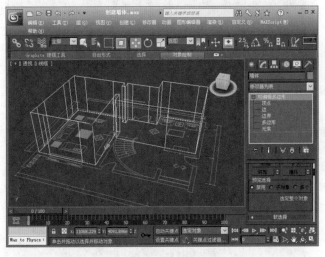

图 2-11 墙体转换为线框模式

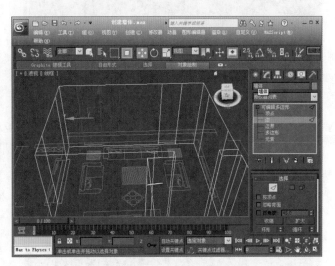

图 2-12 选择边

（3）调整窗户的底边高度，使其符合窗户的高度。进入【边】子对象层级，选择从窗户底边往上的第二条直线，如图 2-14 所示。

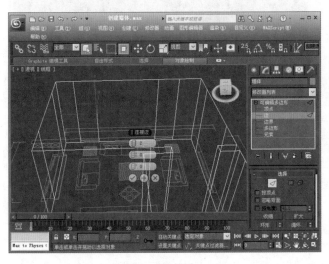

图 2-13 连接边

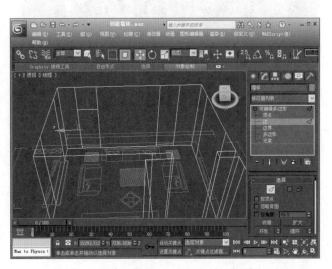

图 2-14 选择窗户的底边高度

（4）在【选择并移动】按钮 上单击鼠标右键,在弹出的【移动变换输入】对话框中将 Z 轴的数值修改为"950 mm",将边移到 Z 轴"950 mm"处,这是窗户的底边高度,如图 2-15 所示。

（5）调整窗户的上边高度,使其符合窗户的上边。进入【边】子对象层级,选择从窗户底边往上的第三条直线,如图 2-16 所示。

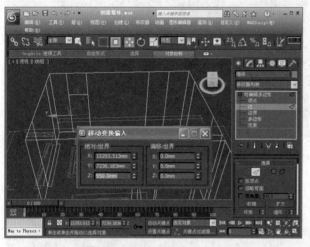

图 2-15 移动窗户的底边高度

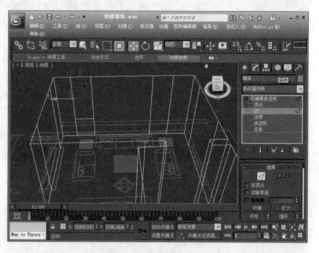

图 2-16 选择窗户的上边高度

（6）在【选择并移动】按钮 上单击鼠标右键,在弹出的【移动变换输入】对话框中将 Z 轴的数值修改为"2750 mm",将边移到 Z 轴"2750 mm"处,这是窗户的上边高度,如图 2-17 所示。

（7）进入【多边形】子对象层级,在透视图中选择分割出来的多边形,如图 2-18 所示。

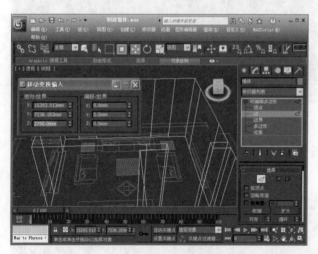

图 2-17 移动窗户的上边高度

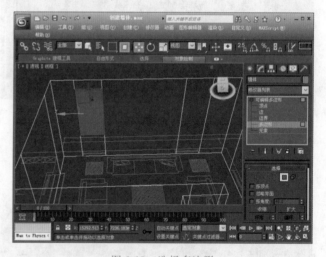

图 2-18 选择多边形

（8）鼠标右键单击刚分割出来的多边形,在弹出的快捷菜单中,选择【挤出】命令前面的设置按钮 ,如图 2-19 所示。

（9）在弹出的对话框中设置挤出类型为按多边形,挤出数量为"－240 mm",如图 2-20 所示。

（10）按【Delete】键,将选择的多边形删除,使其成为窗洞,如图 2-21 所示。

（11）用同样的方法创建右侧的窗洞,如图 2-22 所示。

三、创建客厅 C 向墙窗洞

（1）调整墙体上的边,使其符合窗户的高度。选择"墙体",在【修改器列表】中单击可编辑多边形左边的"＋"号,激活【边】子对象,按【Ctrl】键,在透视图中同时选中如图 2-23 所示的两条边,被选中的边呈红色。

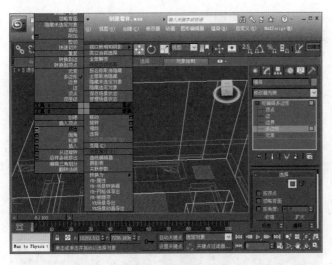

图 2-19　选择挤出按钮

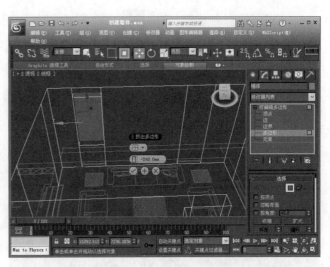

图 2-20　挤出多边形

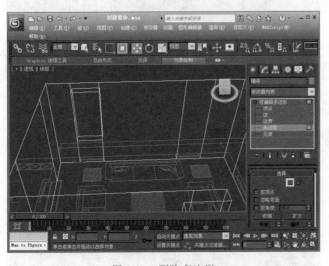

图 2-21　删除多边形

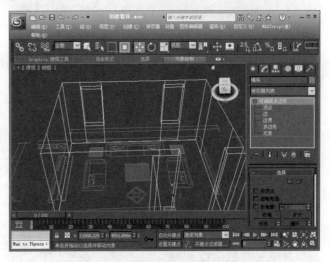

图 2-22　创建右侧窗洞

（2）在编辑【边】卷展栏下单击，选择【连接】按钮后面的【设置】按钮 ▢，创建两条连接边，如图 2-24 所示。

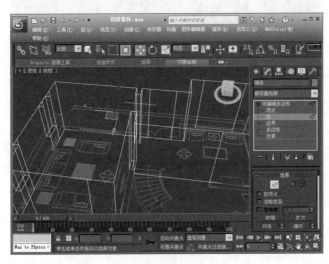

图 2-23　选择墙体上的边

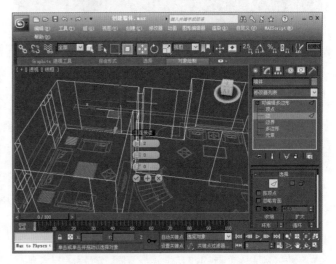

图 2-24　连接墙体上的边

（3）调整窗户的底边高度，使其符合窗户的高度。进入【边】子对象层级，选择从窗户底边往上的第二条直线，如图 2-25 所示。

(4) 在【选择并移动】按钮 ✛ 上单击鼠标右键,在弹出的【移动变换输入】对话框中将 Z 轴的数值修改为 "350 mm",将边移到 Z 轴"350 mm"处,这是窗户的底边高度,如图 2-26 所示。

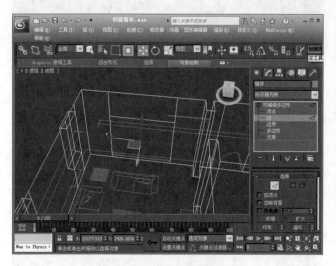

图 2-25　选择窗户的底边高度　　　　　　　　　　图 2-26　移动窗户的底边高度

(5) 调整窗户的上边高度,使其符合窗户的上边。进入【边】子对象层级,选择从窗户底边往上的第三条直线,如图 2-27 所示。

(6) 在【选择并移动】按钮 ✛ 上单击鼠标右键,在弹出的【移动变换输入】对话框中将 Z 轴的数值修改为 "2400 mm",移动到 Z 轴"2400 mm",这是窗户的上边高度,如图 2-28 所示。

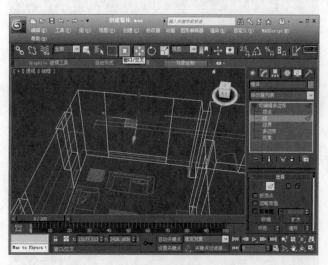

图 2-27　选择窗户的上边高度　　　　　　　　　　图 2-28　移动窗户的上边高度

(7) 进入【多边形】子对象层级,在透视图中选择分割出来的多边形,如图 2-29 所示。

(8) 鼠标右键单击刚分割出来的多边形,在弹出的快捷菜单中,选择【挤出】命令 ▢ ,如图 2-30 所示。

(9) 在弹出的对话框中设置挤出类型为按多边形,挤出数量为"−240 mm",如图 2-31 所示。

(10) 按【Delete】键,将选择的多边形删除,使其成为窗洞,如图 2-32 所示。

四、创建 C 向墙窗套、窗台

在 C 向墙窗洞的地方创建出窗套、窗台。窗套部分选择一个经过编辑后挤出成型的线型,窗台由倒角长方体建成,窗户由平面物体转化为多边形物体分割成型。完成创建窗户的操作按以下几个步骤进行。

(1) 创建窗套。打开【图形面板】,单击【线】按钮,在前视图中创建一个长度、宽度如图 2-33 所示的形状,命名为"窗套"。

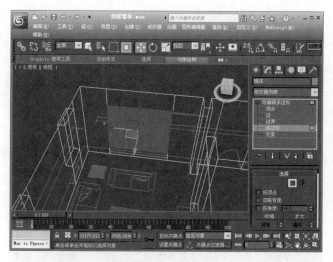

图 2-29　选择多边形

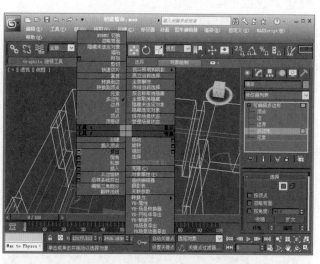

图 2-30　选择挤出按钮

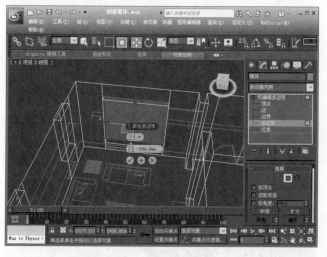

图 2-31　挤出多边形

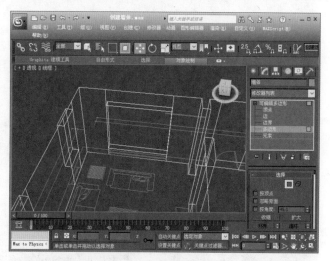

图 2-32　删除多边形

（2）打开【修改面板】，进入【样条线】子对象层级，选择【窗套】线形，为【窗套】线形添加外轮廓，轮廓值设置为"60 mm"，如图 2-34 所示。

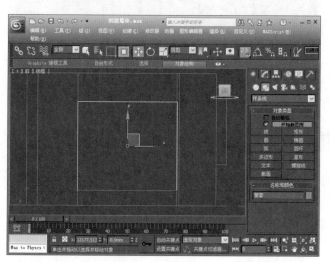

图 2-33　创建窗套

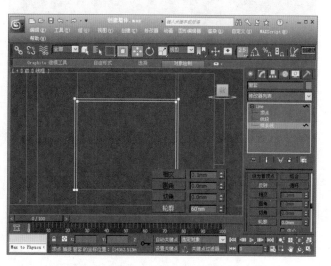

图 2-34　制作外轮廓

（3）在【修改器列表】下拉列表中选择【挤出】修改器，为矩形加入【挤出】修改器，挤出的数量为"250 mm"、分段数为"1",得到窗套外形,如图2-35所示。

(4) 将"窗套"移到墙壁的窗口处,在前视图中将其向室外方向稍微移动,如图2-36所示。

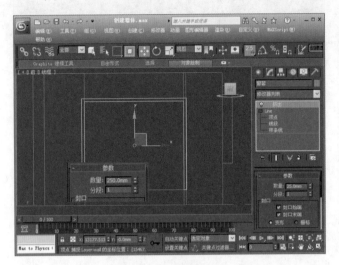

图2-35 挤出窗套外形

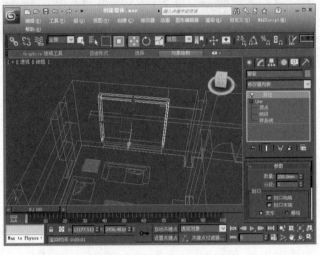

图2-36 移动并调整窗套

(5) 创建窗台部分。在顶视图中创建一个长度为"250 mm"、宽度为"2500 mm"、高度为"20 mm"、圆角为"5 mm"的切角长方体,命名为"窗台",移动并对齐到"窗套"底部,如图2-37所示。

五、创建C墙窗户及窗玻璃

(1) 单击【创建面板】,单击【平面】按钮,在前视图中创建一个长度为"2050 mm",宽度为"2370 mm"、长度分段为"2"和宽度分段为"2"的平面,将平面命名为"窗格",如图2-38所示。

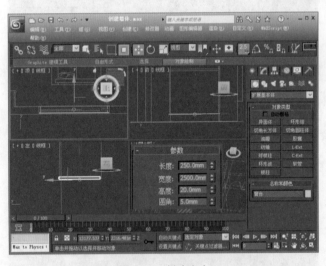

图2-37 创建窗台

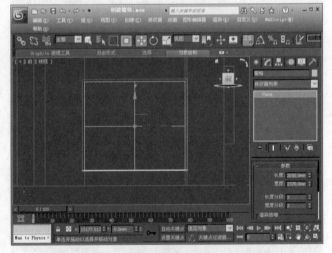

图2-38 创建窗格

(2) 在"窗格"平面上单击鼠标右键,在弹出的快捷菜单中选择【转换为】命令,再选择【转换为可编辑多边形】命令,将物体转换为可编辑的多边形,如图2-39所示。

(3) 在【修改面板】中单击【可编辑多边形】左边的"+"号,激活【边】子对象,进入【边】子对象层级,选择中间这条边,如图2-40所示。

(4) 在【选择并移动】按钮 上单击鼠标右键,在弹出的【移动变换输入】对话框中将Z轴的数值修改为"1050 mm",将边线移到Z轴的"1050 mm"处,如图2-41所示。

(5) 在【修改器堆栈】中进入【边】子对象层级,在前视图中选择两条边,如图2-42所示的红色线条即为选择的边子对象。

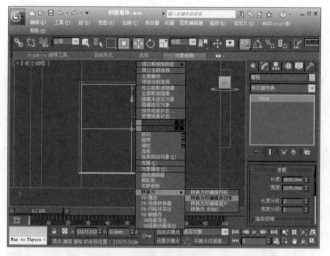

图 2-39　将窗格转换为可编辑多边形

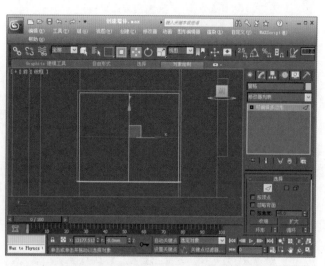

图 2-40　选择中间边

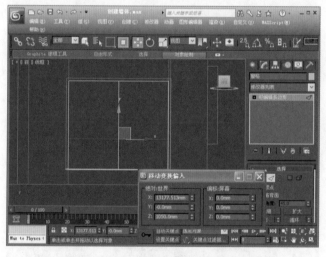

图 2-41　移动边

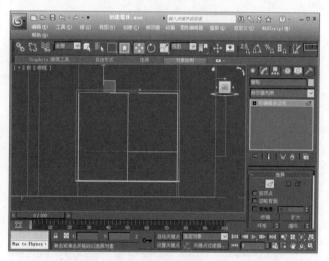

图 2-42　选择边子对象

（6）在视图中单击鼠标右键,在弹出的快捷菜单中单击【连接】左侧的设置按钮 ▢ ,在弹出的【连接边】对话框中输入分段数量为 1,如图 2-43 所示。

（7）选择右侧的两条边,用同样的方法继续将边分段,其形态如图 2-44 所示。

（8）进入【多边形】子对象层级,在前视图中选择 6 个多边形,如图 2-45 所示。

（9）在视图中单击鼠标右键,在弹出的快捷菜单中选择【插入】左侧的设置按钮 ▢ ,在弹出的【插入】对话框中输入插入类型为按多边形,输入插入的数量为"50 mm",如图 2-46 所示。

（10）选择多边形后单击鼠标右键,在弹出的快捷菜单中单击【挤出】左侧的设置按钮 ▢ ,在弹出的【挤出多边形】对话框中设置挤出类型为按多边形,挤出高度为"50 mm",如图 2-47 所示。

（11）按【Delete】键,删除选中的多边形子对象,结果如图 2-48 所示。

（12）单击【创建面板】,单击【平面】按钮,在【2.5 维捕捉】按钮上单击鼠标右键,选择顶点捕捉,在前视图中创建一个长度为"1950",宽度为"2270" mm、长度分段为"1"和宽度分段为"1"的平面,将平面命名为"玻璃",如图 2-49 所示。

（13）在前视图中把玻璃移动到窗格子中部,然后整体将窗格和玻璃移动到窗洞中间,如图 2-50 所示。

（14）用同样的方法创建客厅 B 向墙窗户及玻璃,创建完成后如图 2-51 所示。

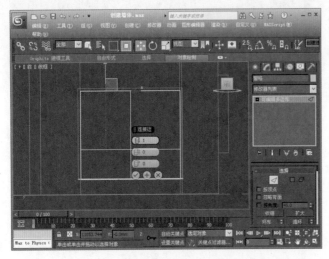

图 2-43　设置连接边的分段数量

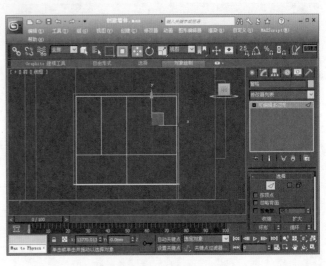

图 2-44　连接边

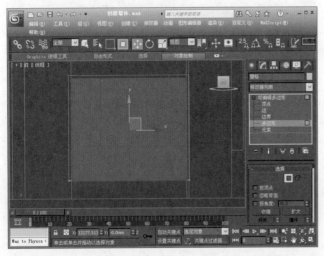

图 2-45　选择的多边形子对象

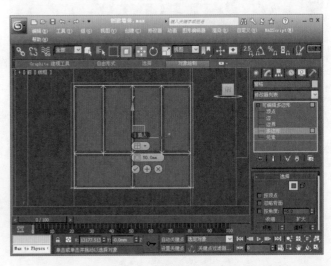

图 2-46　设置插入的数量

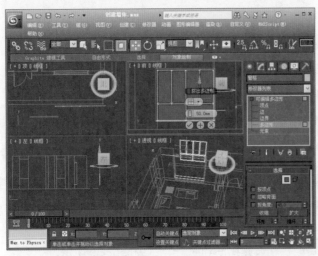

图 2-47　设置挤出的高度

图 2-48　删除选中的多边形子对象

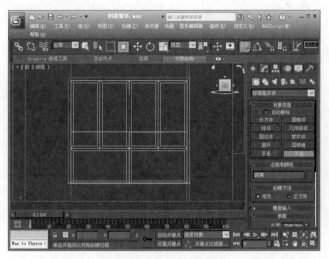

图 2-49　创建玻璃

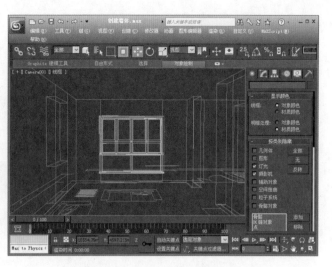

图 2-50　创建完成的窗户造型

六、创建摄影机

为了在渲染后得到更好的透视效果，需要在场景中创建摄影机，可以创建一个，也可以创建多个摄影机，以便随时切换各摄影机的角度。创建摄影机后，就可以很方便地调整摄影机的角度和取景范围。

（1）在透视图中，选择"墙体"，在【修改器堆栈】中进入【多边形】子对象层级，在透视图中选中客厅 A 向墙墙面，按【Delete】键，删除选中的多边形子对象，如图 2-52 所示。

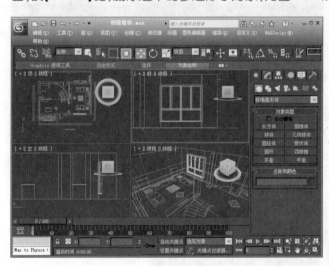

图 2-51　创建 B 向墙窗户

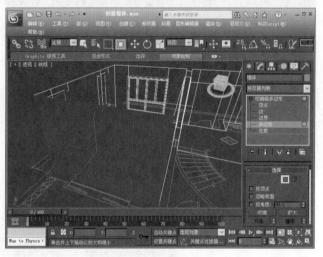

图 2-52　选择的多边形子对象

（2）进入【摄影机】创建面板，单击【目标】按钮，在顶视图中创建一架"目标摄影机"，在【参数】卷展栏中设置"镜头"为"24"、"视野"为"73.74"，并调整摄影机和摄影机目标点的位置，如图 2-53 所示。

（3）进入【修改面板】，修改摄影机的视野角度，并激活透视图，在透视图中按【C】键，将透视图转换为摄影机视图，如图 2-54 所示。

（4）在顶视图中创建另一架目标摄影机，从另一个角度观察客厅，如图 2-55 所示，这样就完成了摄影机的创建。

（5）选中摄影机，右键单击摄影机，在弹出的菜单中选择【应用摄影机校正修改器】菜单，并在视图中观察创建摄影机后的效果，如图 2-56 所示。

（6）在【创建面板】中单击【显示】按钮，在【按类别隐藏】卷展栏中勾选【摄影机】复选框，将摄影机隐藏，如图 2-57 所示。

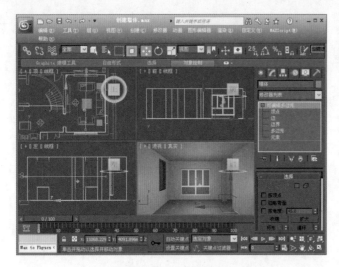

图 2-53　创建摄影机

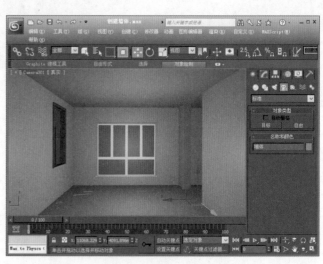

图 2-54　转换为摄影机视图

图 2-55　创建另一个摄影机

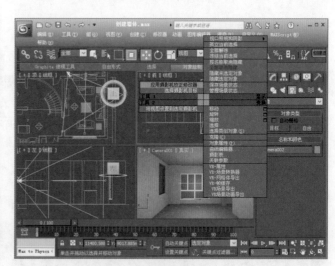

图 2-56　应用摄影机校正修改器

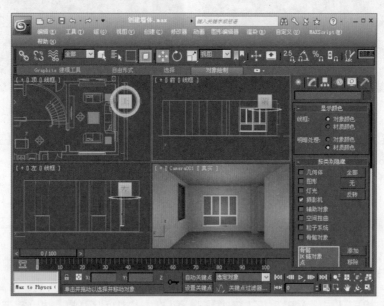

图 2-57　隐藏摄影机

模块三　客厅电视背景墙的制作

（1）在【创建面板】中单击【几何体】按钮，再单击【长方体】按钮，在顶视图中创建一个长度为"500 mm"、宽度为"40 mm"、高度为"2700 mm"、长度分段数为"1"、宽度分段数为"1"、高度分段数为"3"的长方体，选用【选择并移动】工具 ，将长方体移到如图 2-58 所在的位置，将其命名为"电视背景墙 1"。

（2）选择"电视背景墙 1"，进入【修改面板】，在【修改器列表】中加入【编辑多边形】修改器，在【修改器堆栈】中选择【边】子对象层级，选择"电视背景墙 1"中间部分横向的边（包括视图中后面见不到的边），单击【切角】旁边的设置按钮 ，在弹出的【切角边】对话框中【切角量】输入"5 mm"，最后单击【确定】按钮完成操作，如图 2-59 所示。

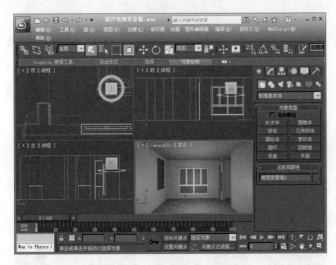

图 2-58　创建电视背景墙 1

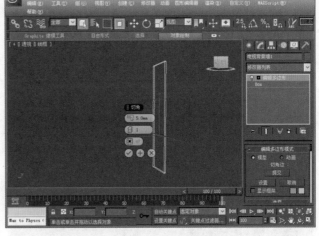

图 2-59　创建切角边

（3）进入【多边形】子对象层级，选择【切角】命令生成的中间多边形，单击【挤出】按钮旁边的【设置】按钮 ，在弹出的【挤出多边形】对话框中的【挤出类型】项中选择【局部法线】类型，在挤出的高度中输入"－5 mm"，最后单击【确定】按钮，如图 2-60 所示。

（4）选择"墙体"，进入【修改命令】面板，选择【可编辑多边形】修改器下的【顶点】子对象层级，在顶视图中选择如下图所示的顶点，在【选择并移动】工具 上单击鼠标右键，在【移动变换输入】对话框中的【偏移：屏幕】选项中的 Y 轴中输入"600 mm"。顶点在 Y 轴方向移动 600 mm，如图 2-61 所示。

（5）参考导入的施工图，在顶视图中创建一个长度为"60 mm"、宽度为"60 mm"、高度为"2700 mm"的长方体，将其移动到走道的左方，命名为"实木线 1"，如图 2-62 所示。

（6）参考导入的施工图，在顶视图中创建一个长度为"50 mm"、宽度为"100 mm"、高度为"2700 mm"的长方体，将其移动到走道的左方，命名为"实木线 2"，如图 2-63 所示。

（7）在顶视图中创建一个长度为"1950 mm"、宽度为"260 mm"、高度为"420 mm"的长方体，将其移动到走道的上方，命名为"墙 2"，如图 2-64 所示。

（8）设置捕捉方式，在【捕捉开关】上单击鼠标右键，弹出【栅格和捕捉设置】对话框，勾选【顶点】捕捉方式，关闭对话框，如图 2-65 所示。

（9）选择"墙 2"，然后将"墙 2"移到顶的墙角，如图 2-66 所示。

（10）在顶视图中创建一个长度为"600 mm"、宽度为"260 mm"、高度为"400 mm"的长方体，将其移动到走道的右方，命名为"隔断"，如图 2-67 所示。

（11）在左视图中创建一个长度为"2230 mm"、宽度为"600 mm"、高度为"10 mm"的长方体，在顶视图中和前视图中调整其位置，将其命名为"夹绢玻璃"，如图 2-68 所示。

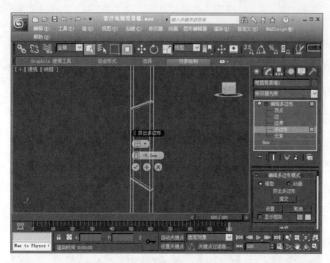

图 2-60 设置挤出多边形数量

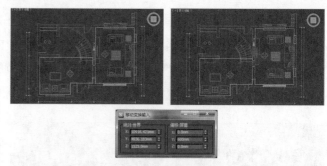

图 2-61 移动顶点

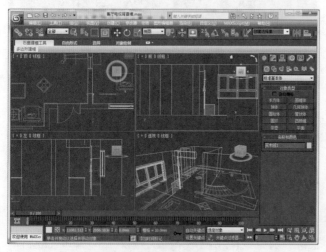

图 2-62 创建实木线 1

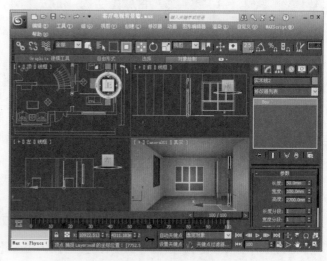

图 2-63 创建实木线 2

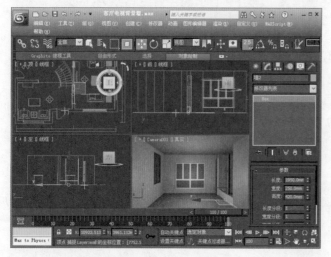

图 2-64 创建墙 2

图 2-65 设置捕捉类型

(12) 最大化顶视图,选择"实木线 1",按【Shift】键,在顶视图中沿 Y 轴拖动,在弹出的【克隆选项】对话框中将【副本数】设置为"2",这样就将物体复制出两个复制体,并命名为"实木线条 3""实木线条 4",如图 2-69 所示。

(13) 在顶视图中调整"实木线条 3""实木线条 4"的位置,如图 2-70 所示。

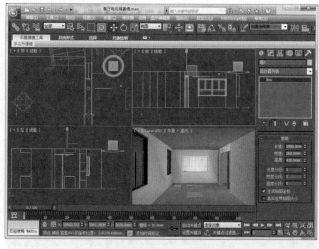

图 2-66　移动墙 2

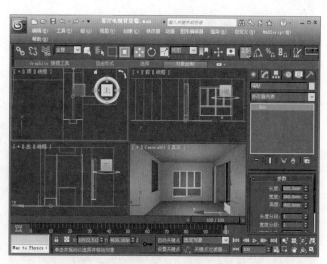

图 2-67　创建隔断

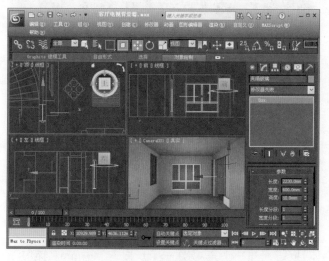

图 2-68　创建夹绢玻璃

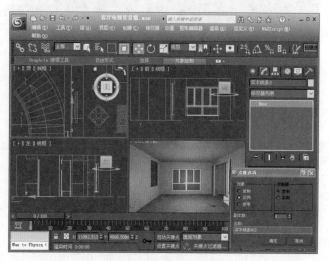

图 2-69　复制实木线

（14）在顶视图中创建一个长度为"3000 mm"、宽度为"80 mm"、高度为"1600 mm"、长度分段为"3"、宽的分段为"1"、高度分段为"3"的长方体，在左视图和前视图中选用【选择并移动】工具 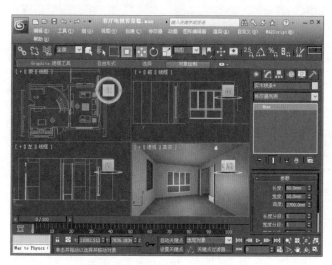 调整其位置，将其命名为"电视背景墙"，如图 2-71 所示。

图 2-70　调整实木线条 3 和实木线条 4 的位置

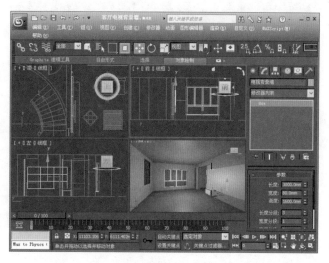

图 2-71　电视背景墙

(15) 选择"电视背景墙",进入【修改面板】,在修改器列表中加入【编辑多边形】修改器,在【修改器堆栈】中,选择【边】子对象层级,选择电视背景墙中间部分横向的边(包括视图中后面见不到的边),单击【切角】旁边的【设置】按钮 ,在弹出的【切角边】对话框中"切角量"输入"5 mm",最后单击【确定】按钮,如图 2-72 所示。

(16) 进入【多边形】子对象层级,选择中间的多边形,单击【挤出】按钮旁边的【设置】按钮 ,在弹出的【挤出多边形】对话框中的【挤出类型】项中选择【局部法线】类型,在挤出的高度中输入"-5 mm",最后单击【确定】按钮,如图 2-73 所示。

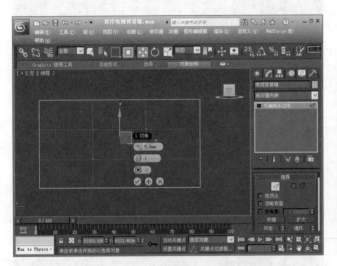
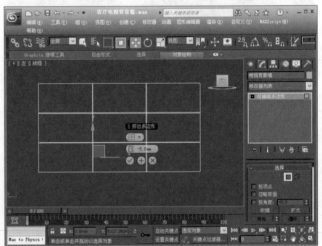

图 2-72 绘制电视背景墙上的缝隙　　　　图 2-73 挤出多边形

模块四　客厅沙发背景墙的制作

(1) 在【创建面板】中单击【几何体】按钮,再单击【长方体】按钮,在顶视图中创建一个长度为"40 mm"、宽度为"60 mm"、高度为"2700 mm"的长方体,将其命名为"装饰线条1",如图 2-74 所示。

(2) 选用【选择并移动】工具 ,将"装饰线条1"移到沙发背景墙距离下面的墙"640 mm"所在的位置,如图 2-75 所示。

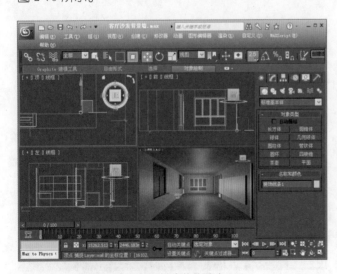
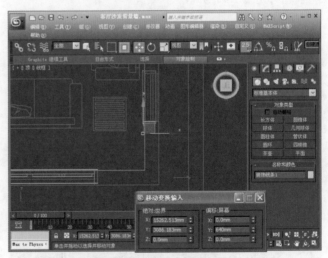

图 2-74 创建装饰线条1　　　　　　图 2-75 移动装饰线条1

（3）选择墙体和"沙发背景墙窗户"，按【Alt＋Q】键，孤立当前选择对象，如图 2-76 所示。

（4）进入【创建面板】中的【图形创建】面板，单击【矩形】按钮，在左视图中创建一个长度为"2600 mm"、宽度为"2060 mm"的矩形，将其命名为"装饰线条 2"，选择【选择并移动】工具 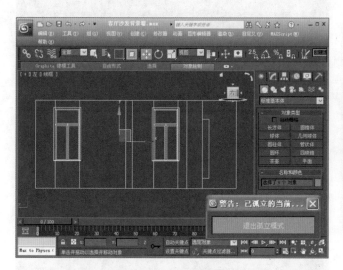，移动到两个窗户中间，如图 2-77 所示。

图 2-76　孤立当前选择对象　　　　　　　　　　图 2-77　创建矩形 1

（5）选择矩形，进入【修改面板】，为其加入【编辑样条线】修改器，进入【分段】子对象层级，选择矩形底部的线段，按【Delete】键，删除线段，如图 2-78 所示。

（6）单击【矩形】按钮，在顶视图中创建一个长度为"90 mm"，宽度为"65 mm"的矩形，将其命名为"装饰线条剖面"，如图 2-79 所示。

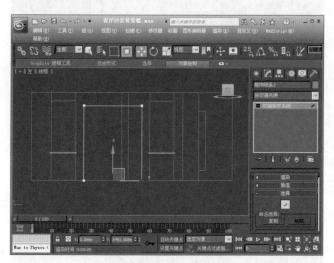
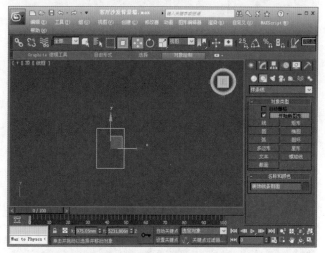

图 2-78　删除线段　　　　　　　　　　　　图 2-79　创建矩形 2

（7）进入【修改面板】，为其加入【编辑样条线】修改器，进入【顶点】子对象层级，调整矩形的形状，如图 2-80 所示。

（8）选择"装饰线条 2"，进入【修改面板】，为其加入【倒角剖面】修改器，在参数面板中单击【拾取剖面】按钮，在顶视图中单击【装饰线条剖面】，创建如图 2-81 所示的造型。

（9）选择"装饰线条 2"，在【修改编辑堆栈】中选择【剖面】子对象，在透视图中，选择"装饰线条剖面"，单击工具栏上的【选择并旋转】工具 ，绕 Z 轴旋转－90 度，如图 2-82 所示。

（10）退出孤立当前选择，调整"装饰线条 2"的位置，如图 2-83 所示。

（11）在左视图中创建一个长度为"2600 mm"、宽度为"2060 mm"、高度为"10 mm"的长方体，在左视图和前视图中选用【选择并移动】工具 ，调整其位置，将其命名为"装饰墙 1"，如图 2-84 所示。

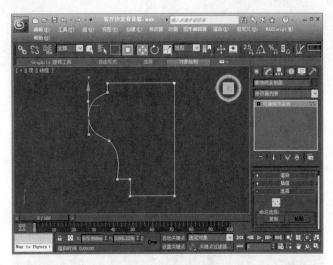

图 2-80　调整形状

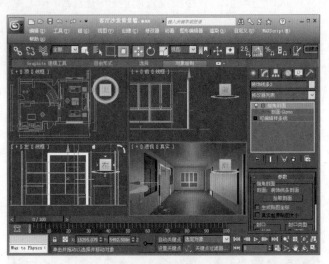

图 2-81　创建装饰线条 2

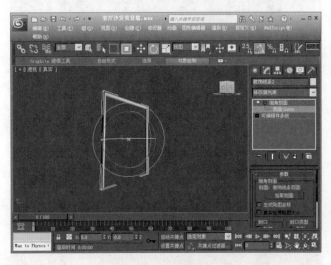

图 2-82　旋转角度

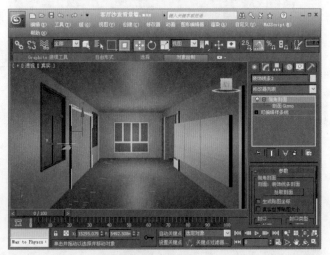

图 2-83　调整位置

(12) 在【创建面板】中单击【图形】按钮,再单击【线】按钮,在工具栏上鼠标右键单击【2.5 维捕捉】,在弹出的【栅格和捕捉设置】对话框中,勾选【顶点】捕捉,在左视图中创建一个图形,命名为"装饰墙 2",如图 2-85 所示。

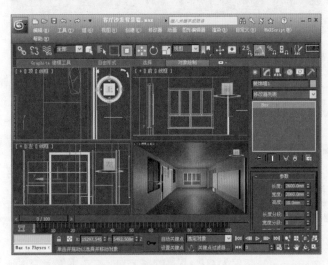

图 2-84　创建装饰墙 1

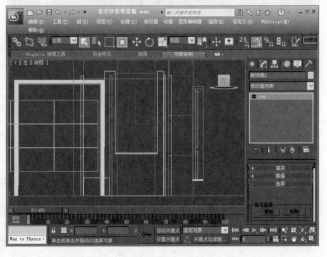

图 2-85　创建装饰墙 2

(13) 进入【挤出】修改器，设置"挤出"的数量为"40 mm"，分段数为"1"，这是"装饰墙2"的厚度，调整其位置，这样就完成了装饰墙2的创建，如图2-86所示。

(14) 制作装饰墙凹槽线，选择"装饰墙2"，按【Alt＋Q】键，孤立当前选择对象，如图2-87所示。

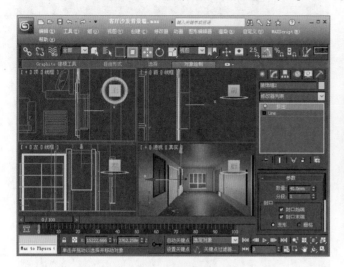

图2-86　挤出图形

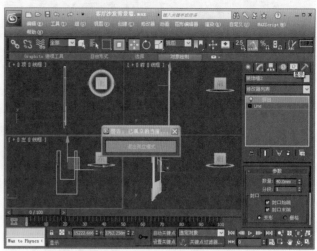

图2-87　孤立装饰墙2

(15) 在工具栏上鼠标右键单击【2.5维捕捉】，在弹出的【栅格和捕捉设置】对话框中，勾"选边/线段"捕捉，单击【线】按钮，在左视图中创建线段，形状如图2-88所示。

(16) 在左视图中选择一条直线，进入【修改面板】，选择【几何体】卷展栏下的【附加】按钮，将其他四条直线附加在一起，并命名为"装饰线"，如图2-89所示。

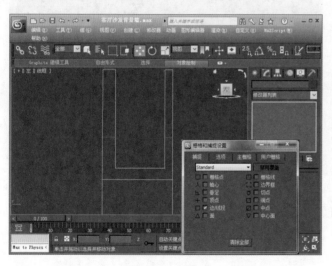

图2-88　画线

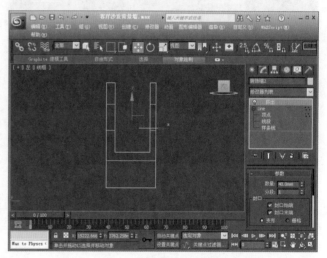

图2-89　附加直线

(17) 在【修改面板】中，单击【选择】卷展栏下的【样条线】按钮，进入样条线子对象层级，然后在左视图中选择【装饰线】，在【几何体】卷展栏下【轮廓】右侧的文本框中输入"5"，按【Enter】键将其扩展轮廓，如图2-90所示。

(18) 在【修改面板】的【修改器列表】中选择【挤出】命令，在【参数】卷展栏下设置挤出的【数量】值为"5"，调整挤出生成的造型位置，如图2-91所示。

(19) 选择"装饰墙2""装饰线"，调整好位置，然后按住【Shift】键在顶视图中沿Y轴拖动复制，在弹出的【克隆选项】中，将【副本数】设置为"1"，将复制出的"装饰墙3"和"装饰线1"移动到另一个窗户周围，调整好顶点的位置，如图2-92所示。

(20) 参考前面的方法，创建C墙的模型，如图2-93所示。

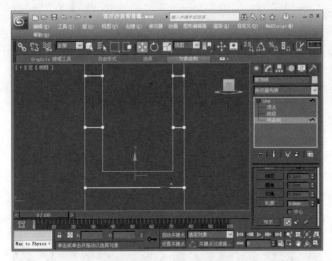

图 2-90　制作轮廓

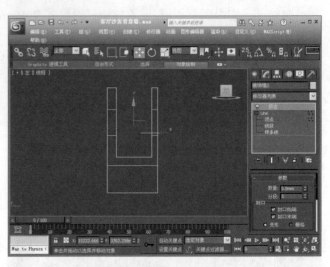

图 2-91　挤出装饰线

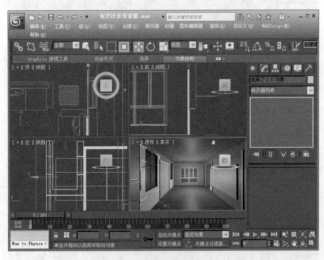

图 2-92　复制物体

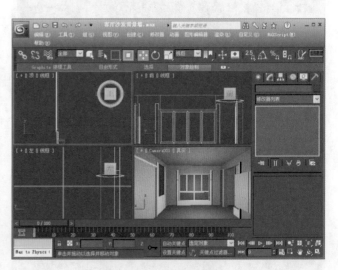

图 2-93　创建 C 墙模型

模块五　客厅吊顶制作

本模块中,客厅的整体风格为现代简约风格,所以吊顶的模型在简单中体现了大方、精简的效果,其操作步骤如下。

一、制作吊顶模型

(1) 选择【2.5 维捕捉】开关,鼠标右键单击捕捉开关,在【栅格和捕捉设置】对话框中选择"顶点",如图 2-94 所示。

(2) 打开【图形面板】,单击【矩形】按钮,利用捕捉工具对顶点进行捕捉,沿客厅 CAD 平面图的内轮廓绘制长度为"5940 mm"、宽度为"4240 mm"的矩形,如图 2-95 所示。

(3) 在顶视图中创建长度为"4530 mm"、宽度为"2800 mm"的矩形,利用【对齐】按钮 ,将小矩形对齐的大矩形的中心,如图 2-96 所示。

(4) 在顶视图中选择任意一个矩形,在【修改面板】的【修改器列表】中选择【编辑样条线】命令,然后在【几何体】卷展栏中单击【附加】按钮,在视图中拾取另外一个矩形,将绘制的矩形附加在一起,如图 2-97 所示。

(5) 在【修改面板】的【修改器列表】中选择【挤出】命令,在【参数】卷展栏中设置挤出的数量为"80 mm",将挤出生成的造型命名为"吊顶",位置如图 2-98 所示。

图 2-94　【栅格捕捉设置】对话框

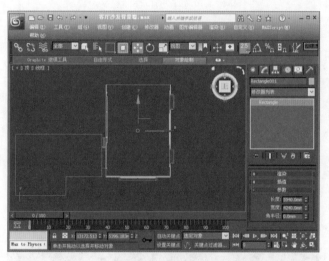

图 2-95　创建吊顶

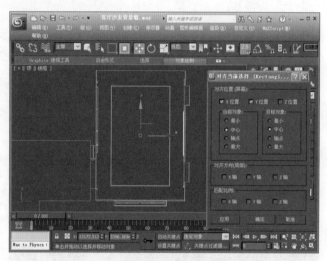

图 2-96　创建小矩形

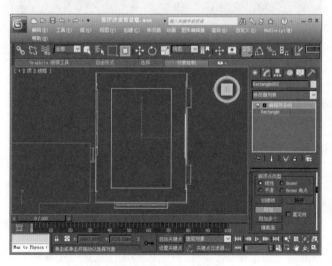

图 2-97　附加矩形

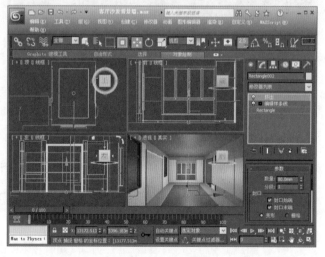

图 2-98　挤出吊顶

　　(6) 在前视图中鼠标右键单击【选择并移动】工具 ,在弹出的【移动变换输入】对话框中,在【移动:屏幕】选项下的 Y 轴输入框中输入"2600 mm",如图 2-99 所示。

　　(7) 在透视图中,选择"吊顶"造型,鼠标右键单击,在弹出的快捷菜单中选择【转换为可编辑多边形】,如图 2-100 所示。

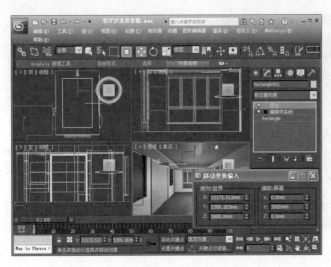

图 2-99 移动吊顶

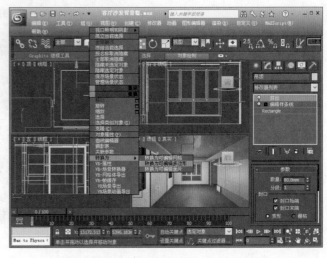

图 2-100 转换为可编辑多边形

(8) 选择"吊顶"造型,按【Alt＋Q】快捷键孤立当前选择,进入【修改面板】,在【修改器列表】中选择【可编辑多边形】命令,进入【多边形】子对象层级,然后选择吊顶上部的多边形,如图 2-101 所示红色的面即为选择的面。

(9) 按【Delete】键删除上部多边形面,如图 2-102 所示。

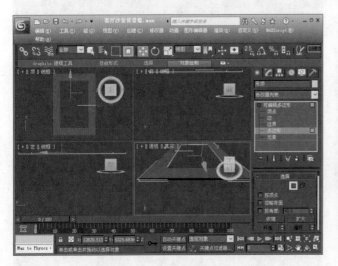

图 2-101 选择多边形面

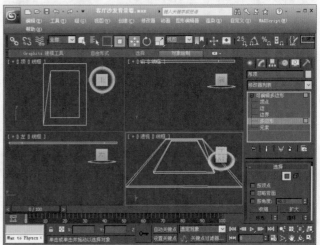

图 2-102 删除多边形面

(10) 在【修改器列表】中,进入【边】子对象层级,然后选择吊顶中部的多边形,如图 2-103 所示红色的线条即为选择的边子对象。

(11) 在视图中单击鼠标右键,在弹出的快捷菜单中单击【挤出】左侧的按钮▢,在弹出的【挤出】对话框中输入高度为"－30 mm",宽度为"0 mm",单击按钮✓,挤出边的形态如图 2-104 所示。

(12) 重复上一个步骤,设置高度为"－40 mm",宽度为"0 mm",单击按钮✓,挤出边的形态如图 2-105 所示。

(13) 重复上一个步骤,设置高度为"200 mm",宽度为"0 mm",单击按钮✓,挤出边的形态如图 2-106 所示。

(14) 继续重复前面的挤出边,设置高度为"170 mm",宽度为"0 mm",单击按钮✓,挤出边的形态如图 2-107 所示。

(15) 在【修改器列表】中,进入【边界】子对象层级,选择【封口】按钮,把顶部的挤出边封口,如图 2-108 所示,红色的面即为封口的面。

(16) 渲染后的效果如图 2-109 所示。

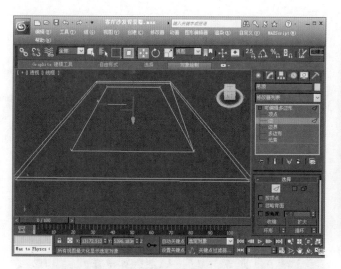

图 2-103　选择边

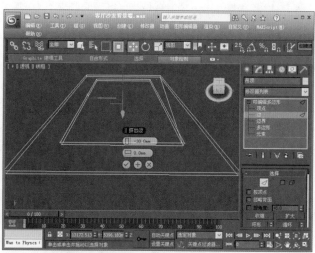

图 2-104　挤出边

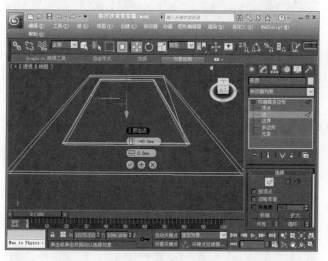

图 2-105　挤出凹槽边

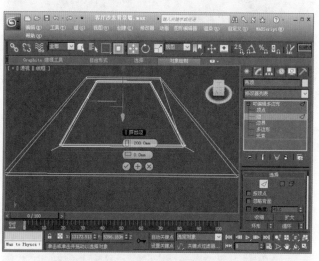

图 2-106　挤出凹槽平面

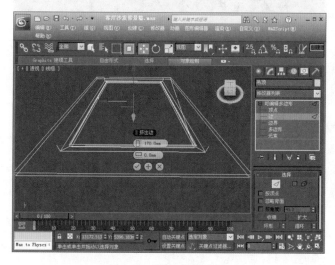

图 2-107　挤出凹槽高度

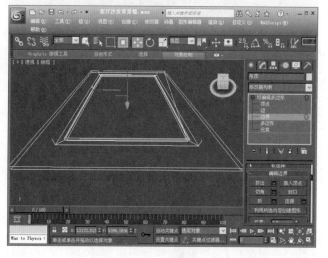

图 2-108　封吊顶口

二、制作筒灯

（1）在【创建面板】中单击【管状体】按钮，在顶视图中创建一个半径 1 为"60 mm"、半径 2 为"50 mm"、高度为

"45 mm"和边数为"30"的管状体,命名为"灯罩",如图2-110所示。

图2-109 最终渲染效果

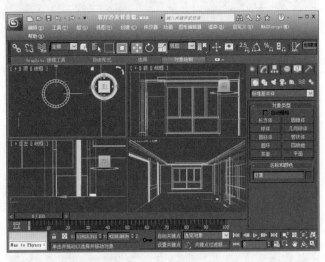

图2-110 创建灯罩

(2) 单击【圆柱体】按钮,在顶视图中创建一个半径为"52mm"、高度为"35mm"边数为30的圆柱体,命名为"灯泡"并对齐到"灯罩"的中心,如图2-111所示。

(3) 选择"灯罩"和"灯泡"进行成组,命名为"筒灯",并复制出两个组,将它们移动到吊顶上,调整后的位置如图2-112所示。

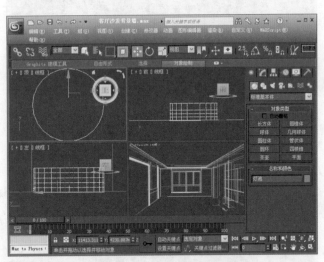

图2-111 创建灯泡

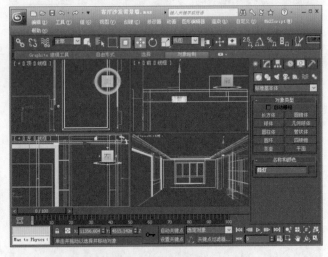

图2-112 成组并复制

(4) 再选择"筒灯",复制出另外一侧,将它们移到沙发背景墙的吊顶位置,调整的位置如图2-113所示。

三、创建窗箱

在顶视图中创建一个长度为"20 mm"、宽度为"4240 mm"、高度为"200 mm"的长方体,在左视图和前视图中选用【选择并移动】工具 ,调整其位置,将其命名为"窗箱",如图2-114所示。

四、创建装饰画

(1) 选择【创建面板】,单击【图形面板】,单击【矩形】按钮,在左视图中绘制一个长度为"750 mm"、宽度为"1200 mm"的矩形,命名为"装饰画框",如图2-115所示。

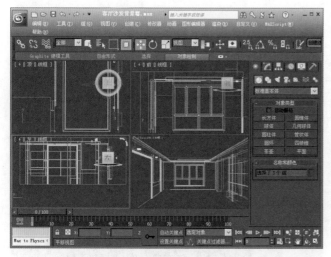

图 2-113　复制沙发背景墙筒灯

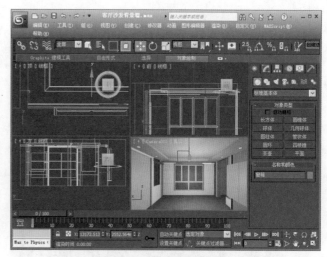

图 2-114　创建窗箱

（2）将矩形转换为可编辑样条线,在【修改器列表】中激活【样条线】子对象,在【修改面板】的【几何体】卷展栏下的【轮廓】数值框下输入"40",按回车键确认,然后输入"160",按回车键确认,最后输入"190"并按回车键,创建的图形如图 2-116 所示。

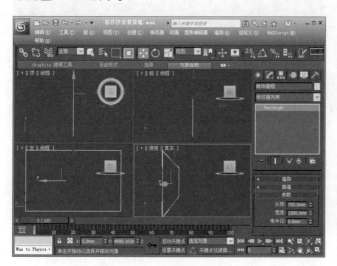

图 2-115　创建矩形

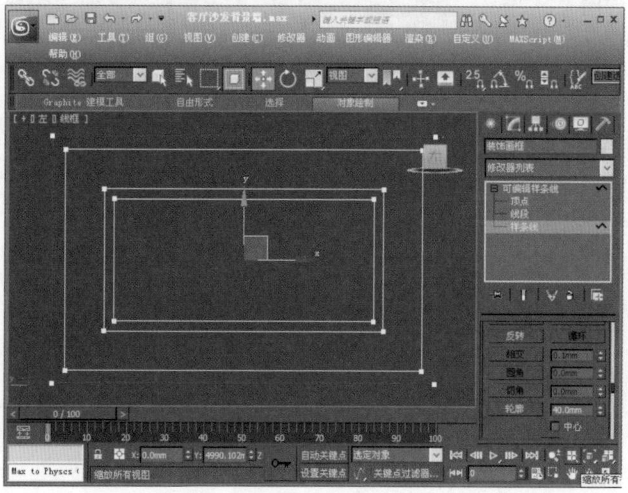

图 2-116　创建轮廓

（3）选中"装饰画框",在【修改器列表】的下拉菜单中选择【倒角】命令,级别 1 高度为"10 mm",级别 2 高度为"10 mm",轮廓为"－5 mm",调整倒角后的模型位置,如图 2-117 所示。

（4）在左视图中参照画框的轮廓绘制长为"670 mm"、宽为"1120 mm"和长为"430 mm"、宽为"880 mm"两个矩形,如图 2-118 所示。

（5）将两个矩形附加为一体,命名为"装饰画内框",添加【挤出】修改命令,设置数量为"5",调整挤出后模型的位置,如图 2-119 所示。

（6）在左视图中创建一个长为"370 mm"、宽为"820 mm"、高为"5 mm"的长方体,命名为"装饰画"调整模型的位置,如图 2-120 所示。

（7）选中"装饰画边""装饰画框"和"装饰画",在顶视图和前视图中调整位置,如图 2-121 所示。

五、创建踢脚线

（1）打开【创建面板】中的【图形创建】面板,单击【线】按钮,在顶视图中参照墙体内轮廓绘制如图 2-122 所示的形状线段,命名为"踢脚线"。

（2）打开【修改面板】,进入【样条线】子对象层级,设置样条线的【轮廓】值为"10 mm",制作出样条线的内轮廓,

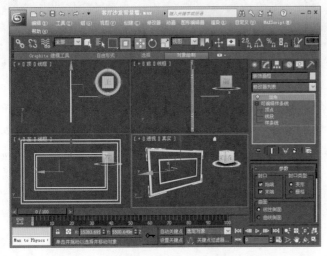

图 2-117　加入倒角修改

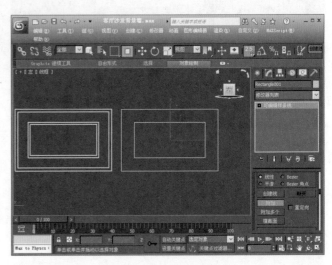

图 2-118　创建矩形

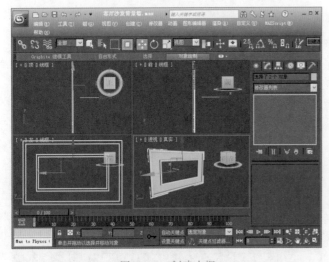

图 2-119　创建内框

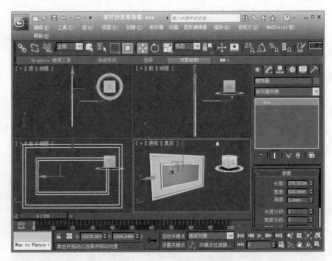

图 2-120　创建装饰画

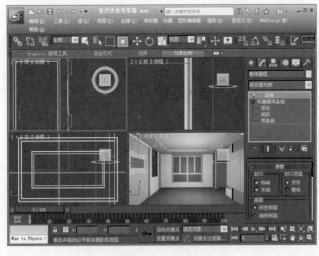

图 2-121　调整装饰画的位置

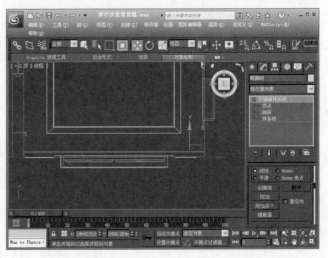

图 2-122　创建踢脚线

添加【挤出】修改命令,设置数量为"80 mm",对其进行调整,如图 2-123 所示。

（3）用同样的方法制作另一侧的踢脚线,完成后的效果如图 2-124 所示。

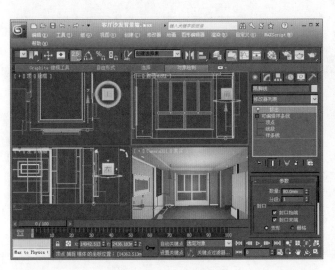

图 2-123　挤出踢脚线

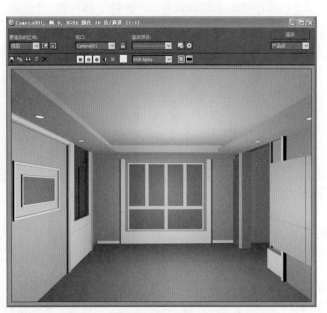

图 2-124　最终渲染效果

模块六　导入客厅室内模型,丰富空间

完成客厅框架的建模工作后,接下来就可以进行各种客厅室内物品的导入工作了。本模块主要调入沙发组合、电视机组合和吊灯等模型,调入家具模型后的效果如图 2-125 所示。

（1）合并家具。单击菜单栏左端的  按钮,选择【导入】菜单,单击【合并】命令,在弹出的【合并文件】对话框中,打开随书光盘中的【项目实训二】目录下的【沙发模型.max】文件,如图 2-126 所示。

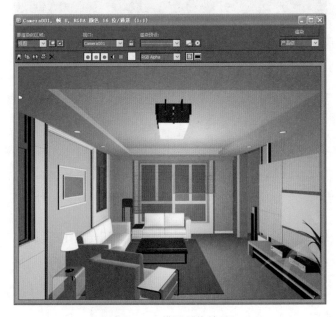

图 2-125　模型最终效果

图 2-126　【合并】命令和【合并文件】对话框

(2) 在弹出【合并－沙发模型】对话框中,取消"灯光"和"摄影机"的勾选,然后单击 全部(A) 按钮,选中所有的模型部分,将它们合并到场景中来,如图 2-127 所示。

(3) 在顶视图和前视图中将合并的沙发进行【旋转】【镜像】并移动到沙发背景墙一侧,且对齐到地板上,调整好位置,如图 2-128 所示。

图 2-127 【合并－沙发模型】对话框

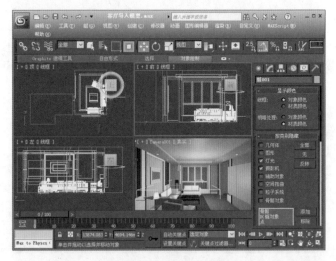

图 2-128 旋转沙发

(4) 选择【导入】菜单,单击【合并】命令,在弹出的【合并文件】对话框中,打开随书光盘中的【项目实训二】目录下的【电视柜组合.max】文件,选择全部文件,按【确定】按钮,将电视柜组合合并到客厅场景中,如图 2-129 所示。

(5) 合并植物。选择【导入】菜单,单击【合并】命令,在弹出的【合并文件】对话框中,打开随书光盘中的【项目实训二】目录下的【植物模型.max】文件,将植物物体合并进来,并将其移到电视柜右侧,如图 2-130 所示。

图 2-129 合并电视柜

图 2-130 合并植物

(6) 合并竹窗帘。选择【导入】菜单,单击【合并】命令,在弹出的【合并文件】对话框中,打开随书光盘中的【项目实训二】目录下的【窗帘模型.max】文件,将"窗帘"合并到当前场景中,将"窗帘"物体移动到"窗箱"下,如图 2-131 所示。

(7) 合并吊灯。选择【导入】菜单,单击【合并】命令,在弹出的【合并文件】对话框中,打开随书光盘中的【项目实训二】目录下的【吊顶模型.max】文件,将"吊灯"物体移到顶部,如图 2-132 所示。

图 2-131   合并竹窗帘

图 2-132   合并吊灯

模块七   设置客厅材质

本模块所表现的是现代简约风格的客厅,以暖色调为主,体现大方、优雅的效果,木纹大理石饰面电视背景墙和深色橡木板,给整体的暖色调的空间增添了一丝庄重的感觉,如图 2-133 所示。

图 2-133   客厅最终效果

一、设置渲染器

完成客厅场景的创建后,接着就要进行材质的设置。在设置 VRay 材质之前,要将渲染器更改为 VRay 渲染器,并对 VRay 渲染器进行设置,然后进行 VRay 材质的设置,设置完成后再进行渲染。

(1)在主工具栏上单击【渲染设置】按钮,在弹出的【渲染设置:默认扫描线渲染器】对话框中的【公用】面板下打开【指定渲染器】卷展栏,单击【产品级:默认扫描线渲染器】右边的按钮 ，在弹出的【选择渲染器】对话框中选择"V-Ray Adv 2.10.01",单击【确定】按钮,完成渲染器的更改,如图 2-134 所示。

(2)设置测试渲染参数。按 F10 键打开【渲染设置】对话框,进入【VRay】面板,打开的【V-Ray:全局开关】卷展栏,设置全局参数,把缺省灯光复选框设置为"关",如图 2-135 所示。

(3)打开【图像采样器】卷展栏,为了提高渲染速度,可以将图像采样的方式设置为【固定】方式,并取消【抗锯齿

图 2-134　设置 VRay 渲染器

过滤】选项,如图 2-136 所示。

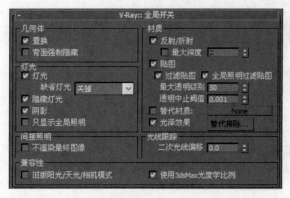

图 2-135　设置全局开关

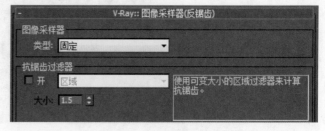

图 2-136　图像采样器参数

(4) 进入【间接照明】面板,打开【V-Ray:间接照明(全局照明)】卷展栏,勾选"开启"复选框开启间接照明,然后设置首次反弹【全局光引擎】为【发光贴图】,二次反弹【全局光引擎】为【灯光缓存】,使场景接受全局间接照明,如图 2-137 所示。

(5) 在【V-Ray:发光贴图】卷展栏中,设置发光贴图参数。【发光贴图】卷展栏可以调节发光贴图的各项参数,该卷展栏只有在发光贴图被指定为当前初级漫射反弹引擎的时候才能被激活,如图 2-138 所示。

(6) 在【灯光缓存】卷展栏中,设置【V-Ray:灯光缓存】,参数如图 2-139 所示。

(7) 进入【间接照明】面板,打开【V-Ray:环境】卷展栏,在【全局照明环境(天光)覆盖】区域,勾选【开】复选框开启环境,如图 2-140 所示。

(8) 在【V-Ray:颜色映射】卷展栏中,设置颜色贴图区域中的类型为【VR_指数】方式,如图 2-141 所示。

(9) 基本参数设置完成后,按【F9】键开始渲染,效果如图 2-142 所示。

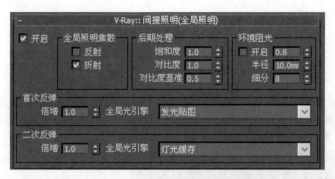

图 2-137　设置间接照明参数

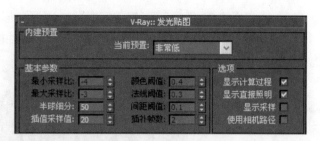

图 2-138　设置发光贴图参数

图 2-139　设置灯光缓存参数

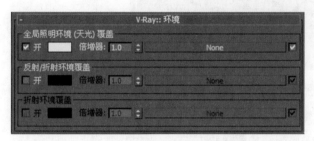

图 2-140　设置环境参数

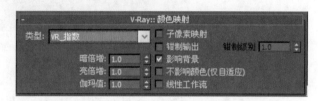

图 2-141　设置颜色映射

图 2-142　最终渲染效果

二、设置材质

(1)选择墙体,然后打开【修改面板】,进入【多边形】子对象层级,在摄影机视图中选择墙体底面,单击【分离】按钮,在弹出【分离】对话框中的分离为选项中命名为"地面",单击【确定】按钮,如图 2-143 所示。

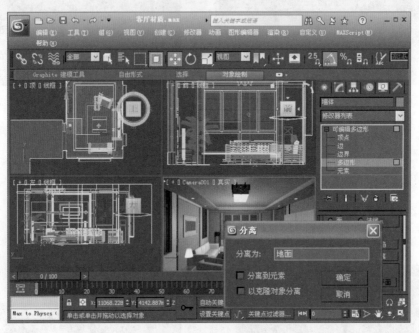

图 2-143 分离地面

(2)打开【材质编辑器】,选择一个材质球,将材质的名称修改为"地砖",如图 2-144 所示。

(3)在材质编辑器的中,将其指定为 VR 材质类型,单击漫反射后的 ■ 按钮,在弹出的【材质/贴图浏览器】对话框中选择"标准贴图"下的"位图",在弹出的【选择位图文件】对话框中选择配套光盘下【项目训练二】目录下的【大理石 2】图片文件,如图 2-145 所示。

图 2-144 设置地砖材质

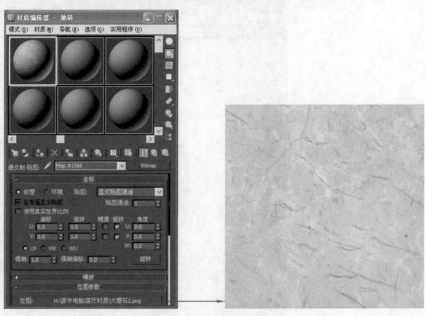

图 2-145 设置漫反射贴图

(4)单击反射后的按钮 ■ ,在【材质/贴图浏览器】对话框中选择【衰减】贴图,如图 2-146 所示。

(5)在【衰减】卷展栏下设置参数,设置衰减类型为"Fresnel",如图 2-147 所示。

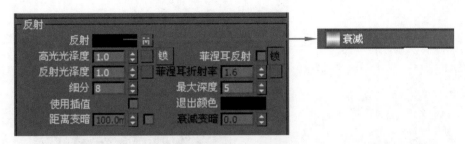

图 2-146　设置衰减贴图

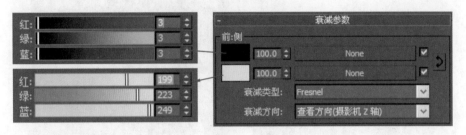

图 2-147　设置衰减参数

（6）单击【转为父对象】按钮，返回父级。在【贴图】卷展栏下设置衰减参数为"100"，并将漫反射贴图拖动复制到凹凸贴图通道中，设置凹凸数量为"20"，如图 2-148 所示。

（7）在摄影机视图中选择"地面多边形"，然后打开【修改面板】，进入【多边形】子对象层级，单击【将材质指定给选定对象】按钮 ，将地板材质赋予选择的模型，为其添加【UVW Map】修改命令，设置参数如图 2-149 所示。

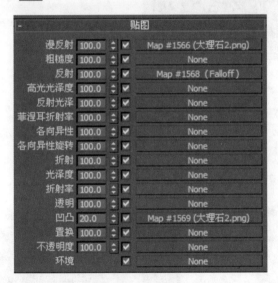

图 2-148　设置凹凸贴图

图 2-149　设置地砖贴图参数

（8）选择一个材质球，将材质的名称修改为"乳胶漆"，在漫反射通道设置颜色为：(R：(红)251，G：(绿)250，B：(蓝)249)，反射通道设置颜色(R：(红)18，G：(绿)18，B：(蓝)18)，高光光泽度为 0.3，勾选【菲涅尔反射】，设置细分为18，目的是得到更好的采样效果，如图 2-150 所示。

（9）在【选项】卷展栏中，关闭跟踪反射，不然的话墙面会有反射，如图 2-151 所示。

（10）在视图中选中"墙体""墙 2""吊顶"，单击【将材质指定给选定对象】按钮 ，将乳胶漆材质赋予选择的模型，如图 2-152 所示。

（11）设置多维材质，打开【材质编辑器】，选择一个空白的材质球，将材质的名称修改为"木纹石"，选择【多维/子材质】，在弹出的【转换材质】的对话框中勾选"将旧材质保存为子材质"并单击【确定】按钮，再单击【设置数量】按钮，在弹出的【设置材质数量】对话框中将【材质数量】设置为"2"，然后单击【确定】按钮，如图 2-153 所示。

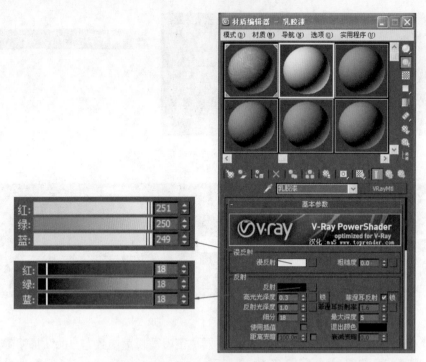

图 2-150　设置乳胶漆材质

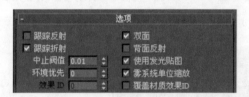

图 2-151　设置选项参数

图 2-152　赋予材质后的效果

图 2-153　设置多维/子材质

　　(12) 在视图中选中"电视背景墙",在修改面板下的【可编辑多边形】列表中,进入【多边形】子对象层级,选择电视背景墙中间缝隙多边形,选中【多边形:材质 ID】子对象,设置多边形材质 ID 为"2",如图 2-154 所示。

　　(13) 单击【编辑】菜单,选择【反选】命令,将多边形反选,设置多边形材质 ID 号为"1",如图 2-155 所示。

　　(14) 将材质指定给"电视背景墙 2"。选择"电视背景墙 2"材质,将 ID1 命名为"米黄木纹石",ID2 命名为"白缝",进入 ID1"米黄木纹石"子对象层级,将其设置为"VRay 材质",单击漫反射后的▇▇按钮,在弹出的【材质/贴图浏览器】对话框中选择【标准贴图】下的"位图",在弹出的【选择位图文件】对话框中选择配套光盘下【项目训练

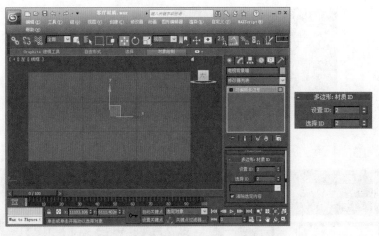

图 2-154　设置多边形材质 ID 为"2"

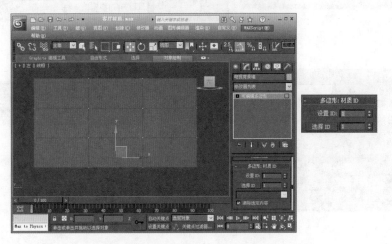

图 2-155　设置多边形;材质 ID 为"1"

二}目录下的【米黄木纹石】图片文件,如图 2-156 所示。

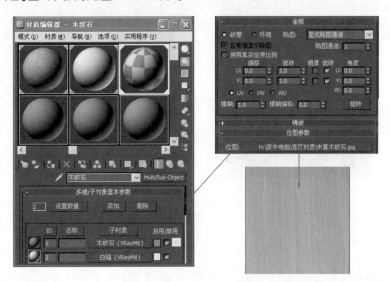

图 2-156　设置木纹石材质

(15) 单击反射后的□□□按钮,在【材质/贴图浏览器】对话框中选择【衰减】贴图,设置参数如图 2-157 所示。

(16) 在【衰减参数】卷展栏下设置参数,设置衰减类型为"Fresnel",如图 2-158 所示。

(17) 打开 ID2 子材质,将其指定为 VRayMtl 材质类型,设置参数,如图 2-159 所示。

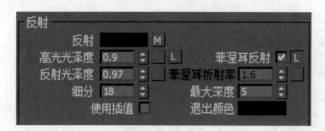

图 2-157　设置反射参数

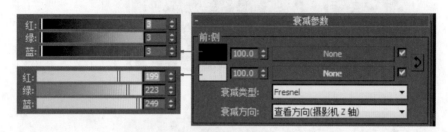

图 2-158　设置衰减类型

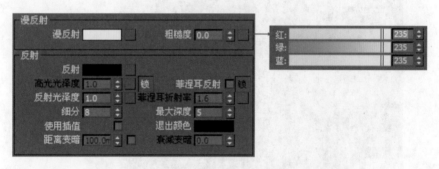

图 2-159　设置 ID2 材质参数

　　(18) 在视图中选中"电视背景墙 2",单击【将材质指定给对象】按钮 ,将材质赋予选中的模型,为其添加【UVW Map】修改命令,设置参数如图 2-160 所示。

图 2-160　加入 UVW Map 修改

　　(19) 赋予材质后的效果如图 2-161 所示。

　　(20) 参照前面的步骤,制作"电视背景墙 1",参数如图 2-162 所示。

　　(21) 赋予材质后的效果如图 2-163 所示。

　　(22) 选择一个材质球,将材质的名称修改为"米黄墙纸",如图 2-164 所示。

图 2-161　木纹石材质效果

图 2-162　设置电视背景墙 1 参数

图 2-163　最终渲染效果

图 2-164　设置墙纸材质参数

（23）在【材质编辑器】中,将其指定为 VRay 材质类型,单击漫反射后的 ██ 按钮,在弹出的【材质/贴图浏览器】对话框中选择【标准贴图】下的【位图】,在弹出的【选择位图文件】对话框中选择配套光盘下【项目训练二】目录下的【米黄壁纸 2】图片文件,如图 2-165 所示。

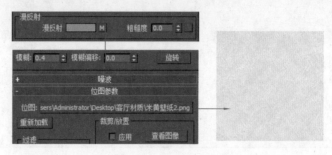

图 2-165　选择墙纸贴图

（24）设置模糊的参数为"0.4",使墙纸的纹理看上去更清晰。设置墙纸的漫反射颜色为(R(红):12,G(绿):12,B(蓝):12)。设置了漫反射,墙纸就有漫反射,需要关闭选项卷展栏下的追踪反射参数,如图 2-166 所示。

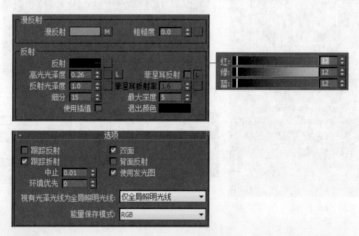

图 2-166　设置漫反射参数

（25）然后在【贴图】卷展栏把漫反射通道贴图复制到凹凸通道中,设置凹凸值为"15",其他参数保持默认设置即可,如图 2-167 所示。

（26）设置完成后的墙纸材质球效果如图 2-168 所示。

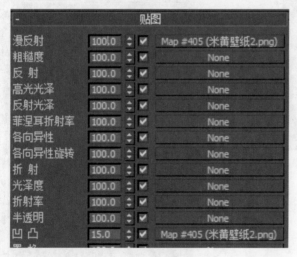

图 2-167　设置贴图参数

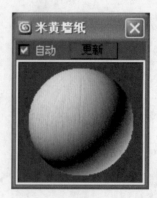

图 2-168　墙纸材质效果

（27）在视图中选择"电视背景墙 3""装饰墙 1"，单击【将材质指定给选定对象】按钮 ，将地板材质赋予选择的模型，为其添加【UVW Map】修改命令，设置参数如图 2-169 所示。

图 2-169　墙纸渲染效果

（28）设置橡木材质，单击工具栏上的【材质编辑器】按钮，打开【材质编辑器】对话框，选择一个空白的材质球，将材质命名为"橡木"，单击【Standard】按钮，选择 VRay 材质，然后单击【漫反射】右边的空白按钮 ，在弹出的【材质/贴图浏览器】对话框中双击位图，在弹出的【选择位图文件】对话框中选择配套光盘下【项目训练二】目录下的【橡木】图片文件，单击【打开】按钮，设置反射通道颜色为(R(红):30,G(绿):30,B(蓝):30)，设置高光光泽度为"0.8"，勾选【菲涅耳反射】，如图 2-170 所示。

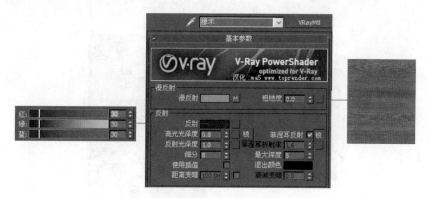

图 2-170　设置橡木材质参数

（29）在视图中选择"装饰墙 1""装饰墙 2""装饰墙 3"等模型，单击【将材质指定给选定对象】按钮 ，然后将设置好的"橡木"材质赋予选择的模型，为其添加【UVW Map】修改命令，设置参数如图 2-171 所示。

（30）选择一个空白的材质球，将材质命名为"实木"，打开【Standard】按钮，选择 VRay 材质，然后单击【漫反射】右边的空白按钮 ，在弹出的【材质/贴图浏览器】对话框中双击位图，在弹出的【选择位图文件】对话框中选择配套光盘下【项目训练二】目录下的【实木】图片文件，单击【打开】按钮，设置反射通道颜色为(R(红):20,G(绿):20,B(蓝):20)，设置【高光光泽度】为"0.8"，【反射光泽度】为"1"，勾选【菲涅耳反射】，如图 2-172 所示。

（31）在视图中选"实木线 1""实木线 2""装饰线 3"等模型，单击【将材质指定给选定对象】按钮 ，然后将设置好的"实木"材质指定给选择的模型，为其添加【UVW Map】修改命令，设置参数如图 2-173 所示。

（32）选择一个材质球，将材质的名称修改为"窗格"，在材质编辑器的中，将其指定为 VRay 材质类型，设置漫反射为"白色"(R:250,G:250,B:250)，反射为"185"，勾选【菲涅耳反射】，【高光光泽度】为"0.63"，【反射光泽度】为"0.5"，【细分】为"15"，然后在【BRDF 设各向异性】为 0.4，【旋转】为 85，如图 2-174 所示。

图 2-171　添加【UVW Map】修改

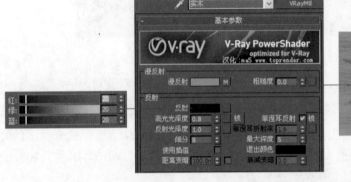

图 2-172　设置橡木材质参数

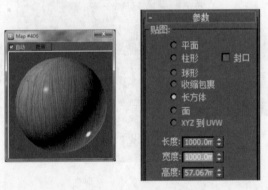

图 2-173　添加【UVW Map】修改

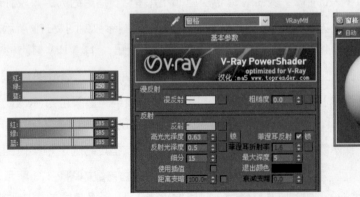

图 2-174　设置窗格材质

（33）在视图中选头"窗格""窗格 2""窗格 3"模型，单击【将材质指定给选定对象】按钮 ，然后将设置好的窗格材质指定给选择的模型，如图 2-175 所示。

图 2-175　窗格材质

（34）选择一个材质球，将材质的名称修改为"玻璃"，在【材质编辑器】中，将其指定为 VRay 材质类型，设置【反射通道】的颜色为"灰色"，让材质完全反射，勾选【菲涅耳反射】，设置【折射通道】的颜色为"白色"，表示材质完全透明，设置【折射率】为"1.5"，这是玻璃的折射率；设置【烟雾颜色】为"淡蓝色"，让玻璃呈现淡淡的蓝色，设置【烟雾倍增】为"0.005"，让颜色不那么浓。玻璃材质参数设置完成的玻璃材质球效果如图 2-176 所示。

（35）设置夹绢玻璃材质，打开 VRay 混合材质，单击基础材质后面的【None】按钮，将基础材质设置成 VRay 材质，如图 2-177 所示。

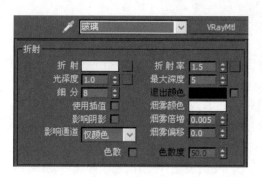

图 2-176　设置玻璃材质参数

图 2-177　设置 VRay 混合材质

(36)设置基础材质,即浅黄色磨砂玻璃材质,在【漫反射通道】设置深灰色(R:50,G:60,B:65),【反射颜色】设置为(R:36,G:42,B:52),【高光光泽度】为"0.93",【反射光泽度】为"1",【细分】为"15",效果如图 2-178 所示。

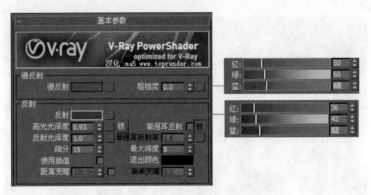

图 2-178　设置基础材质

(37)在表层材质下面的空白按钮中设置 VRay 材质,在【漫反射】通道设置浅绿色(R:122,G:136,B:114),是玻璃的花纹颜色,如图 2-179 所示。

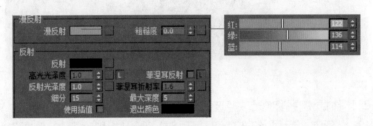

图 2-179　设置表层材质

(38)在混合量中设置一张绢图片,这样看最终效果,灰色部分为基础材质部分,花纹部分为材质部分,如图 2-180 所示。

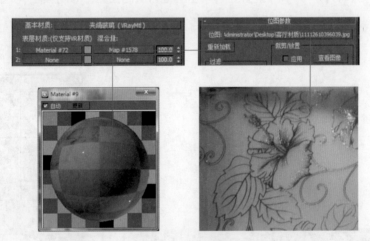

图 2-180　设置混合量

(39)制作沙发材质。单击工具栏上的【材质编辑器】按钮,打开【材质编辑器】对话框,选择一个空白的材质球,将材质命名为"沙发",单击【Standard】按钮,选择 VRay 材质,设置【漫反射】通道颜色为(R:230,G:230,B:230),打开【贴图】卷展栏,单击【凹凸】通道的按钮在弹出的【材质/贴图浏览器】对话框中双击位图,在弹出的【选择位图文件】对话框中选择配套光盘下【项目训练二】目录下的【2011102201912841.jpg】图片文件,单击【打开】按钮,设置【凹凸】值为"10"。然后将设置好的"沙发"材质指定给"沙发"物体,如图 2-181 所示。

(40)设置窗外景。单击【创建】命令面板,然后在【几何体】图标下单击【平面】按钮,在前视图创建面片物体,然后进入修改命令面板为其加入【弯曲】命令,将面片物体弯曲为一个曲面物体,如图 2-182 所示。

(41)按【M】键,单击【材质编辑器】按钮,选择一个球,将材质的名称修改为"外景",在【材质编辑器】中,将其指

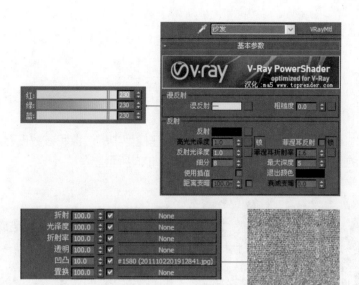

图 2-181　设置沙发材质参数

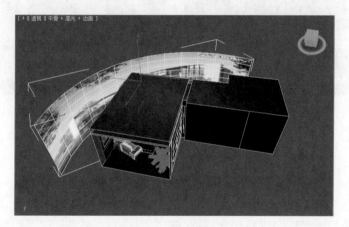

图 2-182　设置窗外景

定为 VR 灯光材质类型,单击颜色右侧的按钮,为其指定准备好的外景图片,如图 2-183 所示,单击【将材质指定给选定对象】按钮，指定给外景物体。

图 2-183　设置外景材质

模块八　设置场景灯光

在模块中,将设置一个上午的客厅灯光效果。

一、主光源的设置

(1) 创建一个 VRay 太阳来模拟白天的阳光,VRay 太阳在模型中的位置和参数设置如图 2-184 所示。

(2) 确定排除外景以防阳光被遮挡,具体操作过程如图 2-185 所示。

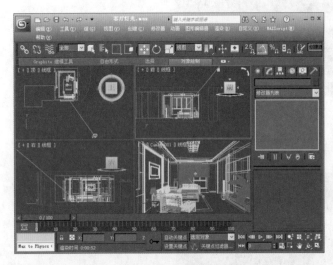

图 2-184　创建 VRay 太阳　　　　　　　　　　　图 2-185　排除外景

(3) 灯光设置完成以后,按快捷键【F9】进行测试渲染,测试渲染效果如图 2-186 所示。

二、设置"吊顶"的暗藏灯光

(1) 在【灯光面板】中将"光度学"灯光切换为"VRay"灯光,在 VRay 灯光创建面板中,单击【VRay 灯光】按钮,在顶视图中创建一盏 VRay 灯光,选择 VRay 灯光,沿 Y 轴旋转 −90 度,并在前视图和左视图中将 VRay 灯光移到吊顶上,如图 2-187 所示。

图 2-186　测试渲染效果　　　　　　　　　　　图 2-187　创建灯带

(2) 进入【修改面板】将灯光的名称修改为"灯带 1",在【参数】卷展栏下设置灯光强度倍增器的数值,设置灯光的大小,设置选项的类型,如图 2-188 所示。

图 2-188　参数设置

（3）在顶视图、前视图中调整"灯带 1"的方向和位置，如图 2-189 所示。

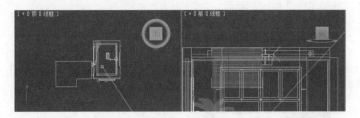

图 2-189　调整灯光的方向和位置

（4）在前视图中将"灯带 1"，旋转复制 3 个灯带，命名为"灯带 2""灯带 3""灯带 4"，调整灯的位置，如图 2-190 所示。

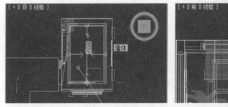
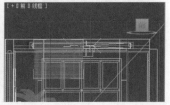

图 2-190　调整灯光的位置

（5）单击工具栏上的【渲染】按钮，观察渲染后的暗藏灯光的效果，如图 2-191 所示。

图 2-191　最终渲染效果

三、辅助光源的设置

(1) 观察此时的效果图,整体亮度合适,在前视图中创建一盏 VRay 灯光,提亮一下近处的亮度,调整位置如图 2-192 所示。

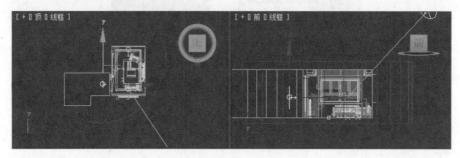

图 2-192 辅助灯光的位置

(2) 设置辅助灯光基本参数,如图 2-193 所示。

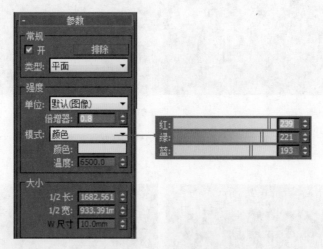

图 2-193 辅助灯光基本参数设置

(3) 单击工具栏上的【渲染】按钮,观察渲染补光后的效果,如图 2-194 所示。

(4) 灯光设置完毕后,按快捷键【F9】进行测试,效果如图 2-195 所示。

图 2-194 渲染补光后的效果

图 2-195 最终渲染效果

模块九　渲染出图

材质赋予好了、VRay 灯光设置完成后,就可以进行渲染出图了,渲染完成的位图效果如图 2-196 所示。完成渲染出图的操作有以下几个步骤。

图 2-196　客厅渲染效果

一、渲染设置

(1) 设置输出大小,单击菜单栏上的【渲染】按钮,在弹出的【渲染设置】对话框中的【公用参数】卷展栏下【输出大小】的输入【宽度】为"1600"、【高度】为"1200",然后单击【渲染】按钮,系统开始渲染图片,如图 2-197 所示。

图 2-197　设置输出大小

(2) 打开【全局开关】卷展栏,设置参数如图 2-198 所示。

(3) 在【图像采样器】卷展栏中,设置参数如图 2-199 所示。

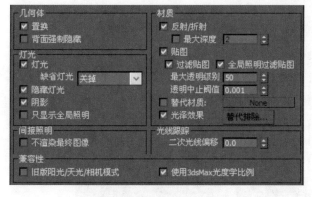

图 2-198　设置全局参数

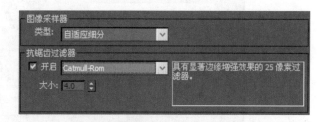

图 2-199　设置图像采样器

(4) 打开【环境】卷展栏,在【全局照明环境(天光)覆盖】区域激活天光强度复选框,如图 2-200 所示。

(5) 打开【颜色映射】卷展栏,设置颜色贴图区域中的【类型】为"VR_指数",如图 2-201 所示。

(6) 打开【渲染设置】对话框,进入【间接照明】选项卡,打开【间接照明】卷展栏,在二次反弹选项组中设置【全局

图 2-200　设置天光强度

图 2-201　设置颜色贴图

光引擎】为"灯光缓存",如图 2-202 所示。

(7) 打开【发光贴图】卷展栏,在【内建预置】选项组中设置发光贴图参数,如图 2-203 所示。

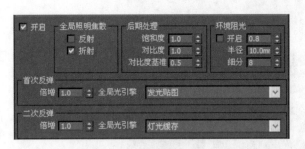

图 2-202　设置间接照明

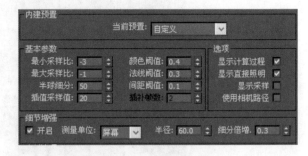

图 2-203　设置发光贴图

(8) 进入【V-Ray:灯光缓存】卷展栏,在【计算参数】选项组中设置【细分】值为"1000",如图 2-204 所示。

(9) 在【V-Ray:确定性蒙特卡洛采样器】卷展栏中设置参数如图 2-205 所示。

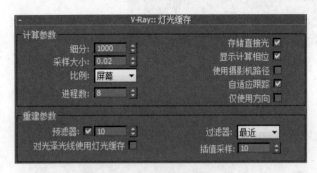

图 2-204　设置灯光缓存

图 2-205　设置确定性蒙特卡洛采样器

(10) 设置保存发光贴图,在【发光贴图】卷展栏中,勾选在【渲染结束后】选项组中的【不删除】和【自动保存】复选框,单击【自动保存】后面的【浏览】按钮,弹出到【自动保存发光图】对话框中输入要保存的文件名并保存选择保存的路径,如图 2-206 所示。

图 2-206　保存发光贴图

(11) 设置保存灯光缓存,在【灯光缓存】卷展栏中,勾选在【渲染结束时光子图处理】选项组中的【不删除】和自动保存复选框,单击【自动保存】后面的【浏览】按钮,弹出到【自动保存灯光贴图】对话框中输入要保存的文件名并选择保存的路径,如图 2-207 所示。

图 2-207　保存灯光缓存

(12) 按【F9】键对摄影机视图 01 进行渲染,效果如图 2-208 所示,VRay 渲染器正在进行发光贴图的计算。由于这次设置了较高的渲染采样参数,渲染时间也增加了。最终渲染效果如图 2-209 所示。

图 2-208　渲染发光贴图

图 2-209　最终渲染效果

二、最终成品渲染

(1) 当发光贴图计算及其渲染完成后,在【渲染场景】对话框的【公用】选项卡设置最终渲染图像尺寸,如图 2-210 所示。

图 2-210　设置最终渲染图像尺寸

(2) 拾取发光贴图。单击【浏览】按钮,在弹出的选择【发光贴图文件】对话框中选择保存好的发光贴图,单击【打开】按钮,如图 2-211 所示。

（3）在【灯光缓存】卷展栏中进行同样的拾取操作,如图 2-212 所示。

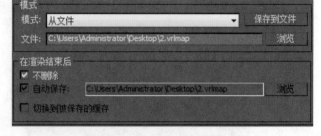

图 2-211　打开发光贴图　　　　　　　　　　　　　　图 2-212　打开灯光图

（4）渲染完成后,在"Camera01"窗口中单击【保存】按钮,在弹出的【浏览器图像供输出】对话框中输入位图名称"客厅",选择输出位图的类型为"Jpeg 图像文件",单击【保存】按钮,然后在弹出的【jpeg 图像控制】对话框中单击【确定】按钮,最终渲染完成的效果如图 2-213 所示。

图 2-213　最终渲染完成的效果

模块十　后期处理

渲染出来的客厅效果图由于材质、灯光设置、背景图片等方面的因素,渲染出来的效果图可能不尽如人意,这时,需要对客厅效果图进行色彩、亮度和对比度灯方面的调整。

（1）运行 Photoshop CS5 软件,打开保存的客厅位图,如图 2-214 所示。

（2）调整位图的亮度和对比度。选择工具栏上的【图像】菜单中的【调整】命令中的【亮度/对比度(C)...】命令,调整位图的亮度和对比度,如图 2-215 所示。

（3）为了使画面更加鲜艳,可以选择工具栏上的【图像】菜单中的【调整】命令中的【色彩/饱和度】命令,调整画面的饱和度和明暗度,如图 2-216 所示。

（4）为了使图片更加清晰,选择【滤镜】菜单中的【锐化】命令中的【USM 锐化】命令,设置数量为"35",其他参数保持不变。对位图进行适当的"锐化"处理,如图 2-217 所示。

图 2-214　运行 Photoshop CS5 软件

图 2-215　调整效果图的亮度及对比度

图 2-216　调整效果图的色相及饱和度

图 2-217   对效果图进行"USM 锐化"处理

（5）完成图像的调整,然后将文件存盘,如图 2-218 所示,至此本示例操作完成。

图 2-218   最终效果

Max Shinei Sheji he Jingguan Sheji Xiaoguotu Xiangmushi Jiaoxue Shixun Jiaocheng

项目训练三
卧室效果图制作

卧室是住宅中较私密的地方。卧室对于现代人而言,不再只是一个提供睡眠的地方,它还增加了缓解身心压力、休息,甚至阅读的功能。卧室是一个完全个性化的房间,应依照个人的喜好而设计,尽量显现出主人的性格、爱好、习惯等要求。在设计上,选择的情调不论是清新稳重的还是浪漫舒适的,都应该根据个人的具体需求来进行设计。除此之外,还必须同时考虑形式上的美观。

第一部分
卧室效果图目标任务及活动设计

一、教学目标

最终目标:

运用 3ds Max 2012 建模工具及 VRay 渲染器制作卧室效果图。

促成目标:

(1) 熟练运用 3ds Max 2012 命令进行基本操作;

(2) 运用 VRay 材质编辑各类材质;

(3) 在卧室场景中运用 VRay 灯光、光度学灯光;

(4) 运用 VRay 渲染器设置及渲染输出卧室效果图。

二、工作任务

(1) 在 3ds Max 2012 建模命令基础上,能制作卧室模型。

(2) 掌握 VRay 材质与 VRay 材质贴图的使用方法。

(3) 通过卧室灯光的布置、渲染的设置及后期制作来掌握效果图的制作方法。

三、活动设计

1. 活动思路

以一张卧室效果图作为载体,通过示范教学,让学生掌握运用 3ds Max 2012 中的单面建模的方法制作卧室的墙体,运用建模工具创建床背景墙、吊顶、室内家具等,学习使用 VRay 材质编辑器制作卧室的墙体材质、吊顶材质、地板材质等,使用 VRay 灯光及光度学灯光模拟卧室夜景效果制作流程来组织活动。学生通过学中做、做中学,掌握卧室效果图的基本制作方法。

2. 活动组织

活动组织的相关内容见表3-1。

表 3-1　活动组织的相关内容

序号	活动项目	具体实施	课时	课程资源
1	建模工具讲解	运用 3ds Max 建模工具制作卧室模型	20	图形工作站,3ds Max 软件、模型库等
2	VRay 材质的制作编辑	对 VRay 材质的制作进行讲解、示范	10	图形工作站,3ds Max 软件、材质库等
3	VRay 灯光设置	对卧室灯光进行讲解,并进行示范操作	10	图形工作站,3ds Max 软件、光域网文件等
4	渲染出图	对 VRay 渲染器进行讲解,用 VRay 渲染器渲染出卧室效果图	8	图形工作站,3ds Max 软件

四、活动评价

活动评价见表 3-2。

表 **3-2**　活动评价

评价等级	评 价 标 准
优秀	掌握了卧室效果图的制作步骤与方法,模型制作精细,材质、灯光处理的效果真实,模型透视关系好
合格	掌握了卧室效果图的制作步骤与方法,有一定的模型制作能力,材质、灯光处理效果一般
不合格	熟悉了卧室效果图的制作步骤与方法,模型制作能力差,材质、灯光处理效果差

第二部分
卧室效果图项目内容

模块一　设置单位及导入平面图

一、设置单位

在绘制效果图之前,需要将 3ds Max 2012 软件中的单位设置成"毫米"。选择菜单栏上的【自定义】菜单,单击【单位设置】命令,在弹出的【单位设置】对话框中选择【公制】选项下的【毫米】,单击【系统单位】按钮,在弹出的【系统单位设置】对话框中将单位的比例设置为【毫米】,设置完成后单击【确定】按钮关闭对话框,如图 3-1 所示。

二、导入 CAD 平面图

建模时,为了使创建的卧室模型尺寸正确,经常采用将 AutoCAD 中绘制的室内平面施工图导入到 3ds Max 中,作为绘制墙体图形参考的方法进行墙体绘制。

打开导入工具 ，选择【导入】命令,在弹出的【将外部文件格式导入到 3ds Max 中】对话框中,将下方的文件类型改为"原有的 AutoCAD",选择配套光盘中的【项目训练三】目录下的【平面图 dwg】文件,单击【打开】按钮,在弹出的【DWG 导入】对话框中选择【合并对象与当前场景】,单击【确定】按钮,在弹出的【导入 AutoCAD DWG 文件】对话框中直接单击【确定】按钮,如图 3-2 所示。

图 3-1　设置单位界面

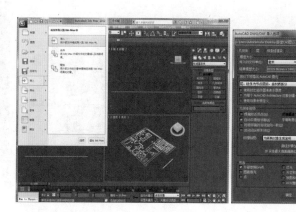

图 3-2　导入 CAD 平面图

模块二　创建卧室室内框架

先用导入的卧室平面施工图创建出墙体的基本外形,再创建出窗户、窗帘等室内物件,其效果如图 3-3 所示。

一、创建墙体

(1) 选择导入的平面图,单击【组】菜单,选择【成组】命令,把 CAD 平面图成组,并命名为"卧室平面图"。选择"卧室平面图"并用鼠标单击右键,在弹出的菜单中选择【冻结当前选择】命令,把平面图暂时冻结起来,以免造成误操作,如图 3-4 所示。

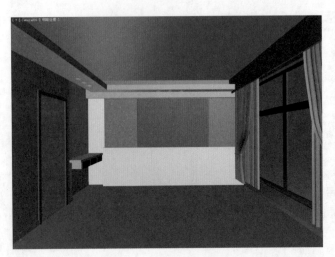

图 3-3　卧室室内框架效果

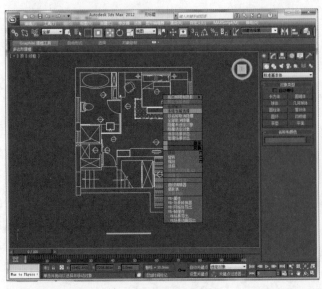

图 3-4　冻结平面图

(2) 设置捕捉方式,在【捕捉开关】按钮 上面单击鼠标右键,打开【栅格和捕捉设置】对话框,勾选【顶点】捕捉方式,切换到【选项】面板,勾选【捕捉到冻结对象】,如图 3-5 所示,并关闭对话框。

(3) 进入【创建面板】中的【图形面板】,单击【线】按钮,在顶视图中参照卧室 CAD 平面图内轮廓绘制一条封闭的曲线,命名为"墙体",如图 3-6 所示。

图 3-5　捕捉设置

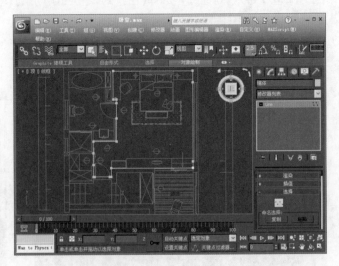

图 3-6　创建墙体

注意:CAD 平面图上有窗户或门的地方,都必须画点,封闭样条线以后来创建窗户或门,这样绘制的门或窗户会更准确。

（4）选择墙体线,进入【修改面板】,打开名称下方【修改器列表】右边的下拉菜单,在修改器列表中选择【挤出】修改器,进入【挤出】修改器后,将挤出的数量设置为"2800 mm",这是墙体的高度,如图 3-7 所示,这样就完成了墙体轮廓的创建工作。

（5）进入【修改面板】,在修改器下拉列表中选择【法线】,为墙体加入【法线】修改命令,将墙体的法线翻转,如图3-8 所示。

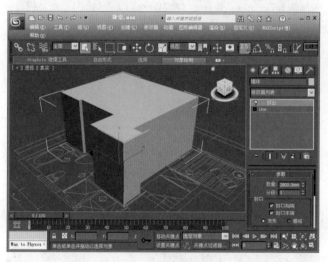

图 3-7　挤出墙体

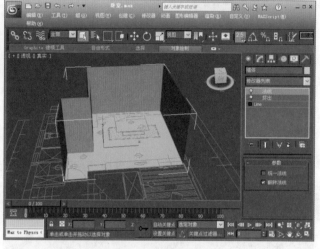

图 3-8　翻转侧面

（6）在物体上单击鼠标右键,在弹出的菜单中选择【转换为】中的【转换为可编辑多边形】命令,将物体转换为可编辑多边形,如图 3-9 所示。

（7）在透视视图左上角单击【真实】菜单,选择【线框】命令,将物体转换为线框显示模式,如图 3-10 所示。

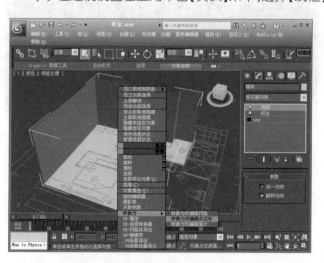

图 3-9　将物体转换为可编辑多边形

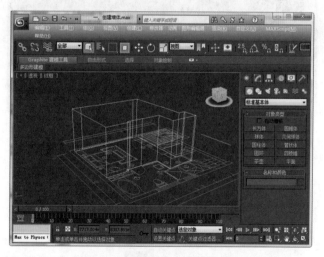

图 3-10　将墙体转换为线框模式

（8）在物体上单击鼠标右键,在弹出的菜单中选择【对象属性】,打开【对象属性】对话框,把背面消隐前面的"√"去掉,以便在视图中能看到背面的线条,如图 3-11 所示。

二、创建窗洞

（1）调整墙体上的边,使其符合窗户的高度。选择物体,在【修改面板】中单击可编辑多边形左边的"+"号,激活【边】子对象,按下【Ctrl】键,在透视图中同时选中如图 3-12 所示的两条边,被选中的边呈红色显示。

（2）在【编辑边】卷展栏下单击选择【连接按钮】后面的设置按钮 ,创建两条连接边,如图 3-13 所示。

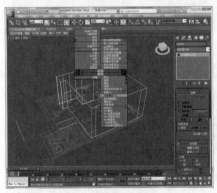

图 3-11 设置对象属性

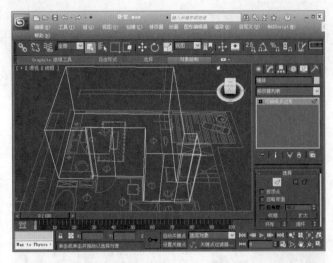

图 3-12 选择边

(3) 调整窗户的底边高度,使其符合窗户的高度。进入【边】子对象层级,选择从窗户底边往上的第二条直线,如图 3-14 所示。

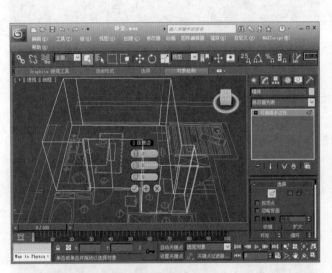

图 3-13 连接边

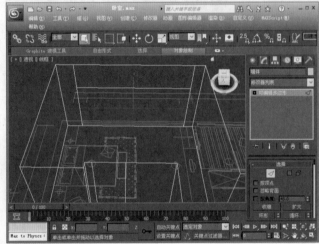

图 3-14 选择窗户底边高度

(4) 在【选择并移动】按钮 ✛ 上单击鼠标右键,在弹出的【移动变换输入】对话框中将 Z 轴的数值修改为"300 mm",将边移到 Z 轴"300 mm"处,这是窗台的底边高度,如图 3-15 所示。

(5) 调整窗户的上边高度,使其符合窗户的上边。进入【边】子对象层级,选择从窗户底边往上的第三条直线,如图 3-16 所示。

(6) 在【选择并移动】按钮 ✛ 上单击鼠标右键,在弹出的【移动变换输入】对话框中将 Z 轴的数值修改为"2500 mm",将边移到 Z 轴"2500 mm",这是窗台的上边高度,如图 3-17 所示。

(7) 进入【多边形】子对象层级,在透视图中选择分割出来的多边形,如图 3-18 所示。

(8) 鼠标右键单击刚分割出来的多边形,在弹出的快捷菜单中选择【挤出】前面的设置按钮,如图 3-19 所示。

(9) 在弹出的对话框中设置挤出类型为"局部法线",【挤出数量】为"-240 mm",参数如图 3-20 所示。

(10) 按下【Delete】键,将选择的多边形删除,使其成为窗洞,如图 3-21 所示。

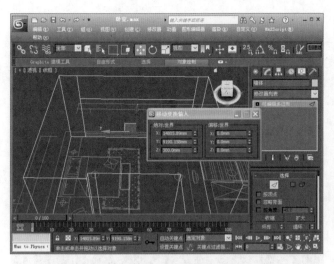

图 3-15　移动窗台底边高度

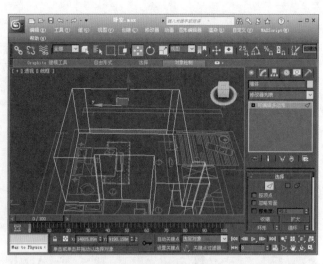

图 3-16　选择窗户的上边高度

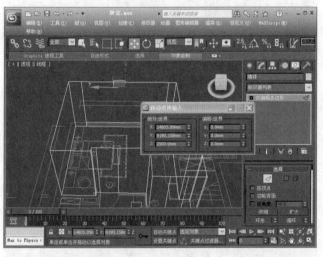

图 3-17　选择窗台上边高度

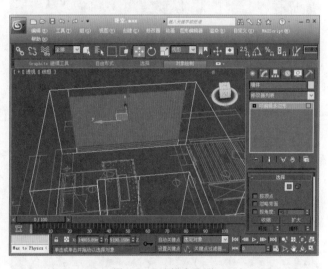

图 3-18　选择多边形

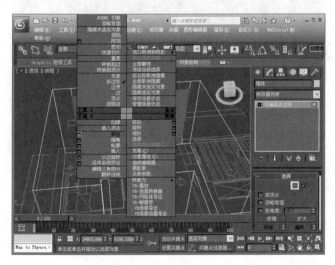

图 3-19　选择挤出按钮

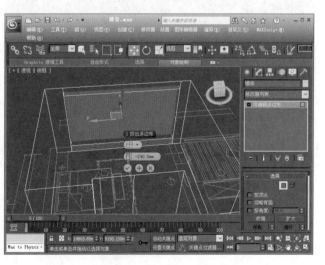

图 3-20　设置挤出数量

三、创建窗套、窗台

在这个窗洞的地方创建出窗套、窗台,窗套部分选择一个经过编辑后挤出的线形,窗台由切角长方体建成,窗户由平面物体转化为多边形物体分割成型,完成创建窗户的操作按以下几个步骤进行。

(1) 创建窗套。打开【图形面板】,单击【线】按钮,在左视图中创建一个长度、宽度如图 3-22 所示的形状,命名为"窗套"。

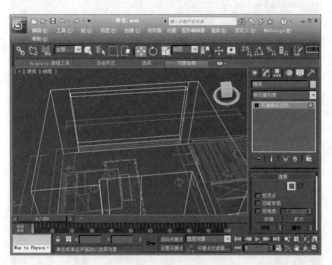

图 3-21 删除多边形   图 3-22 创建窗套

(2) 打开修改面板,进入【样条线】子对象层级,选择【窗套】线形,为【窗套】线形添加外轮廓,轮廓值设置为"60 mm",如图 3-23 所示。

(3) 在修改器列表中选择【挤出】修改器,为矩形加入【挤出】修改器,挤出的数量为"250 mm"、分段数为"1",得到窗套外形,如图 3-24 所示。

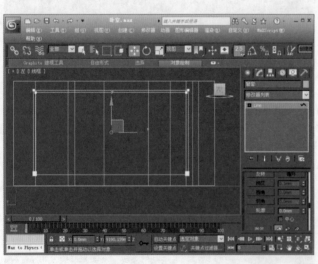

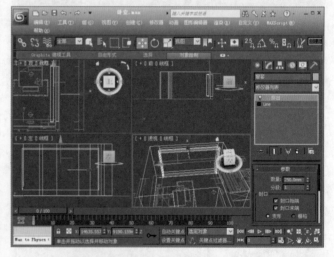

图 3-23 设置轮廓   图 3-24 设置挤出数量

(4) 将"窗套"移到墙壁的窗口处,在前视图中将其向室外方向稍微移动,如图 3-25 所示。

(5) 创建窗台部分。在顶视图中创建一个长度为"4400 mm"、宽度为"260 mm"、高度为"15 mm"、圆角为"5 mm"、圆角分段为"5"的切角长方体,命名为"窗台",移动并对齐到"窗套"底部,如图 3-26 所示。

四、创建窗户及窗玻璃

(1) 单击【创建面板】,单击【平面】按钮,在左视图中创建一个长度为"2200 mm"、宽度为"4135 mm"、长度分段为"2"和宽度分段为"3"的平面,将平面命名为"窗格",如图 3-27 所示。

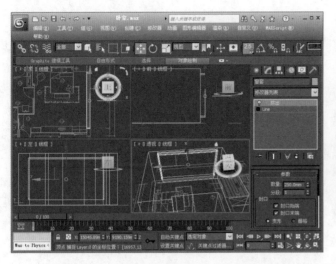

图 3-25　移动窗套

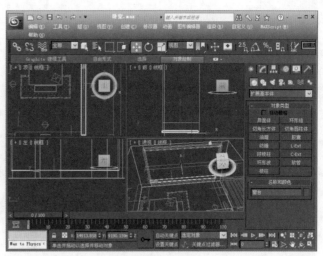

图 3-26　创建窗台

（2）在"窗格"平面图上单击鼠标右键,在弹出的菜单中选择【转换为】中的【转换为可编辑多边形】命令,将物体转换为可编辑的多边形,如图 3-28 所示。

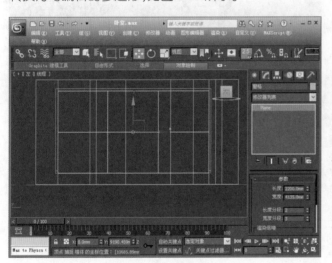

图 3-27　绘制窗格

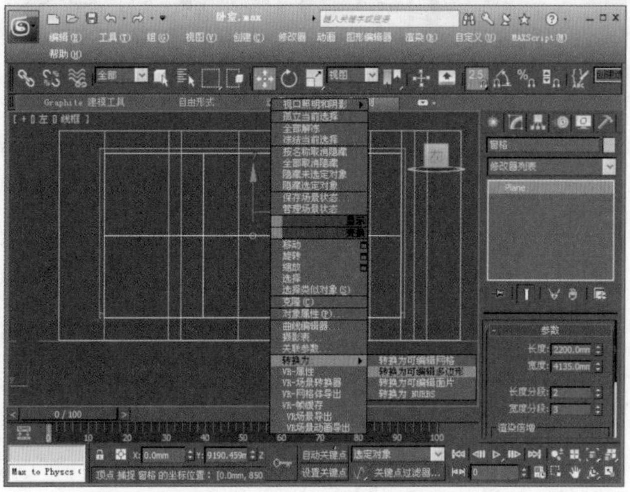

图 3-28　转换为多边形

（3）在【修改面板】中单击【可编辑多边形】左边的"＋"号,激活【边】子对象,进入【边】子对象层级,选择中间这条边,如图 3-29 所示。

（4）在【选择并移动】按钮上 ✥ 单击鼠标右键,在弹出的【移动变换输入】对话框中将 Z 轴的数值修改为"1800 mm",将边线移到 Z 轴的"1800 mm"处,如图 3-30 所示。

（5）进入【多边形】子对象层级,在左视图中选择 6 个多边形,如图 3-31 所示。

（6）单击鼠标右键,在弹出的快捷菜单中选择【插入】左边按钮 ▢ ,如图 3-32 所示。

（7）设置插入类型为"按多边形",插入的数量为"60 mm",然后单击"√"确定,如图 3-33 所示。

（8）用同样的方法单击【挤出】按钮,挤出的数量为"－60 mm",单击"√"确定,如图 3-34 所示。

（9）按【Delete】键,将选择的多边形删除,使其成为窗洞,如图 3-35 所示。

（10）单击【创建面板】,单击【长方体】按钮,打开【2.5 维捕捉】,选择"顶点"捕捉,在左视图中创建一个长度为"2080 mm",宽度为"4015 mm"、高度为"5 mm",长度分段为"1"和高度分段为"1"的长方体,将长方体命名为"玻璃",如图 3-36 所示。

（11）在前视图中把玻璃移动到"窗格"中部,然后整体将"窗格"和"玻璃"移动到窗洞中间,如图 3-37 所示。

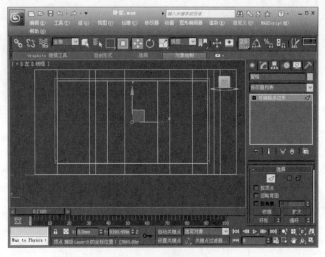

图 3-29　选择中间边

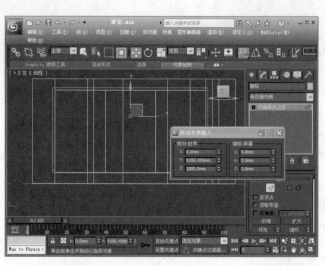

图 3-30　移动边

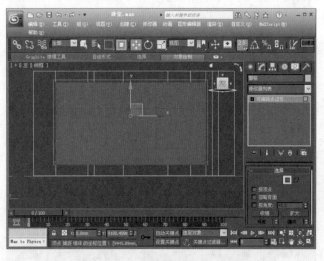

图 3-31　选择多边形

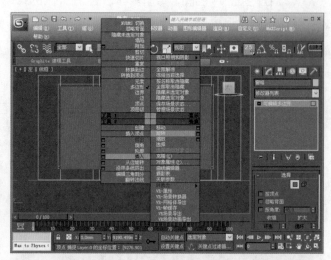

图 3-32　选择插入按钮

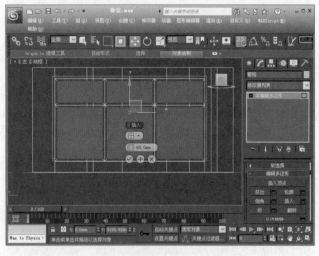

图 3-33　设置插入数量

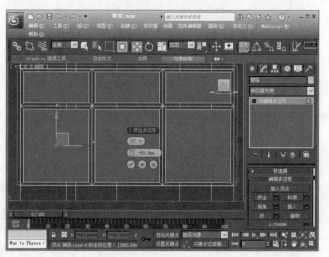

图 3-34　设置挤出数量

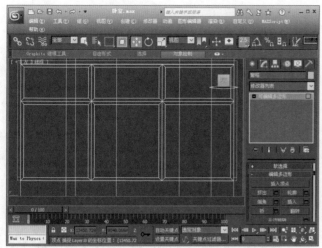

图 3-35　删除多边形

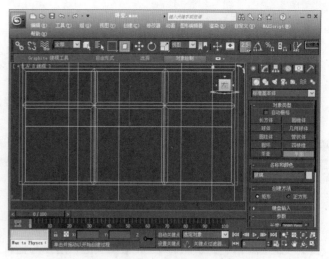

图 3-36　创建玻璃

五、创建摄影机

为了得到更好的透视效果,需要在场景中创建摄影机,可以创建一个或多个摄影机,以便随时切换各摄影机的角度。创建摄影机后,就可以很方便地调整摄影机的角度和取景范围。

(1)进入【摄影机面板】,单击【目标】按钮,在顶视图中创建一架"目标摄影机",并调整摄影机和摄影机目标点的位置,如图 3-38 所示。

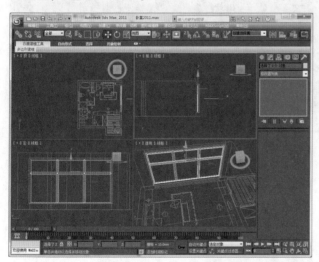

图 3-37　调整窗户和玻璃的位置

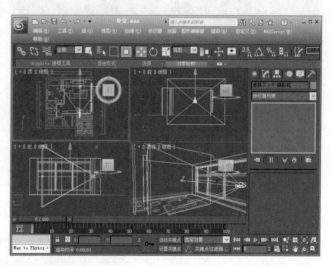

图 3-38　创建摄影机

(2)进入【修改面板】,修改摄影机的视野角度,在前视图中将摄影机移到卧室中间高度,并激活透视图,在透视图中按下键盘上的【C】键,将透视图转换为摄影机视图,如图 3-39 所示。

(3)在顶视图中创建另一架目标摄影机,从另一个角度观察客厅,如图 3-40 所示,这样就完成了摄影机的创建。

(4)选中摄影机,右键单击摄影机,在弹出的菜单中选择应用【摄影机校正】修改器,并在视图中观察创建摄影机后的效果,如图 3-41 所示。

(5)在【创建面板】中单击【显示】按钮,在【按类别】卷展栏中勾选摄影机复选框,将摄影机隐藏,如图 3-42 所示。

六、创建吊顶

卧室的整体风格为现代简约风格,所以吊顶的模型在简单中体现了大方、精简的效果。

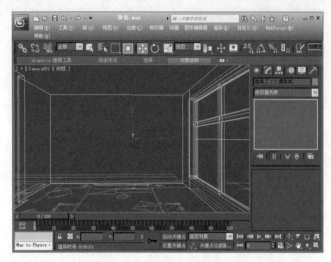

图 3-39　摄影机视图

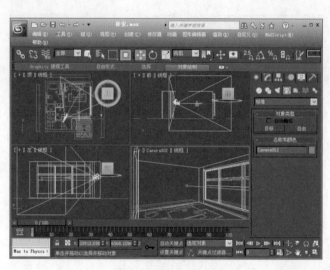

图 3-40　创建另一个摄影机

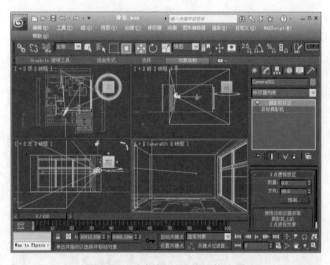

图 3-41　应用摄影机校正修改器

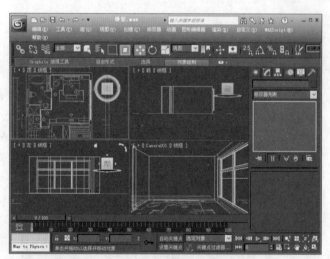

图 3-42　隐藏摄影机

1. 制作吊顶造型

(1) 选择【2.5 维捕捉】开关,右键单击捕捉开关,在【栅格和捕捉设置】对话框中选择【顶点】,如图 3-43 所示。

图 3-43　设置顶点捕捉

（2）打开【图形面板】，单击【线】按钮，利用捕捉工具对顶点进行捕捉，沿卧室 CAD 平面图的内轮廓绘制一条样条线，如图 3-44 所示。

（3）选择样条线，打开【修改面板】，修改样条线的名称为"吊顶"，进入【样条线】子对象层级，选择"吊顶"，为吊顶添加外轮廓，轮廓值设置为"－500"，如图 3-45 所示。

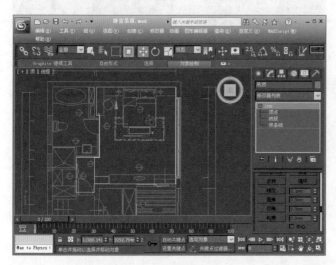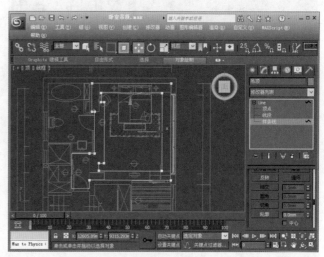

图 3-44　绘制吊顶　　　　　　　　　　图 3-45　设置轮廓

（4）在【修改器列表】中选择【挤出】修改器，为吊顶加入【挤出】修改器，挤出的数量为"100 mm"，并在前视图中调整"吊顶"的高度，在主工具栏上选择【选择并移动】工具 ，单击鼠标右键，在弹出的对话框中将 Z 轴的数值修改为"2550 mm"，将吊顶的高度移动至"2550 mm"处，如图 3-46 所示。

2. 制作筒灯

（1）在【创建面板】中单击【管状体】按钮，在顶视图中创建一个半径 1 为"60 mm"、半径 2 为"50 mm"、高度为"45 mm"、边数为 30 的管状体，命名为"灯罩"，如图 3-47 所示。

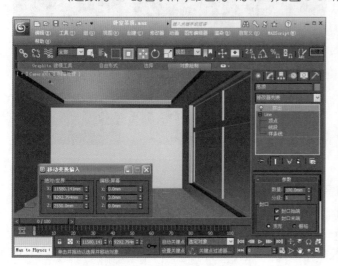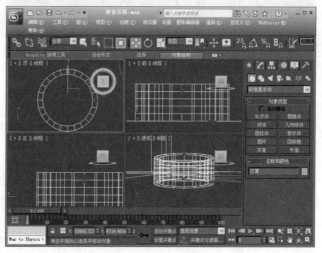

图 3-46　设置挤出数量　　　　　　　　图 3-47　创建灯罩

（2）单击【圆柱体】按钮，在顶视图中创建一个半径为"52 mm"、高度为"35 mm"、边数为"30"的圆柱体，命名为"灯泡"并移动到"灯罩"的中心，如图 3-48 所示。

（3）选择"灯罩"和"灯泡"进行成组，并命名为"筒灯"，并复制出 2 个组，将它们移动到吊顶上，调整后的位置如图 3-49 所示。

（4）再选择"筒灯"，复制出另外 3 个组，将它们移到左吊顶的位置下方，调整的位置如图 3-50 所示。

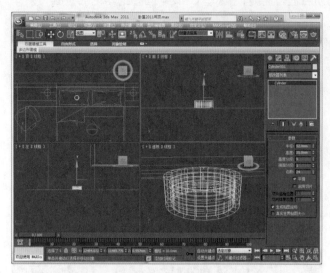

图 3-48　创建灯泡

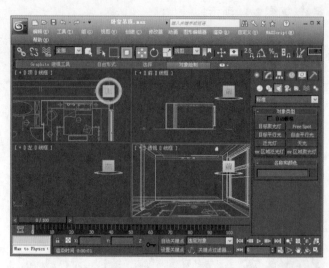

图 3-49　调整筒灯的位置

七、创建窗箱和窗帘

(1) 在顶视图中创建一个长度为"5090 mm"、宽度为"20 mm"、高度为"400 mm"的长方体,在左视图和前视图中选用移动工具调整其位置,将其命名为"窗箱",如图 3-51 所示。

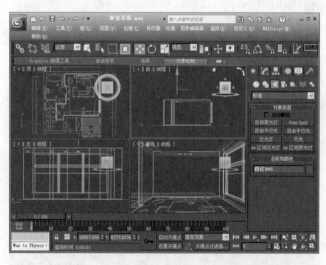

图 3-50　复制筒灯

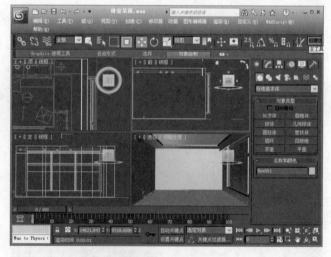

图 3-51　创建窗箱

(2) 在顶视图中绘制一条长约"1300 mm"的曲线,命名为"纱帘",进入【修改面板】,进入【样条线层级】子对象层级,设置样条线的轮廓值为"1",制作出样条线的内轮廓,如图 3-52 所示。

(3) 进入【挤出】修改器,设置"挤出"的数量为"2600 mm",调整后模型的位置如图 3-53 所示。

(4) 将"纱帘"复制一个,命名为"窗帘",在【挤出】修改命令面板下的【参数】卷展栏中设置分段为 20,如图 3-54 所示。

(5) 选中"窗帘",在【修改面板】中,为窗帘加入【FFD(长方体)】修改器,在 FFD 参数卷展栏下单击【设置点数】按钮,在弹出的对话框中设置参数为【长度】"4"、【宽度】"4"、【高度】"6",如图 3-55 所示。

(6) 在【修改器堆栈】中进入【控制点】子对象,在左视图中调整控制点的位置,如图 3-56 所示。

(7) 在顶视图中绘制一条封闭的曲线,作为"窗帘绳",如图 3-57 所示。

(8) 进入【修改面板】,进入【样条线层级】子对象层级,设置样条线的轮廓值为"1",制作出样条线的内轮廓,添加【挤出】修改命令,设置数量为"20 mm",调整挤出后模型的位置如图 3-58 所示。

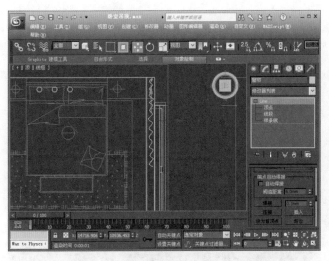

图 3-52　绘制窗帘

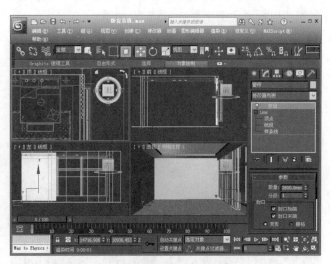

图 3-53　挤出窗帘

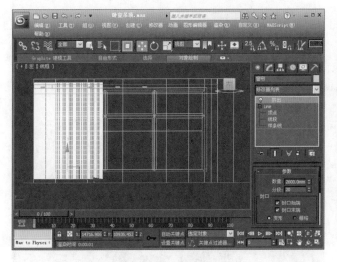

图 3-54　设置挤出分段

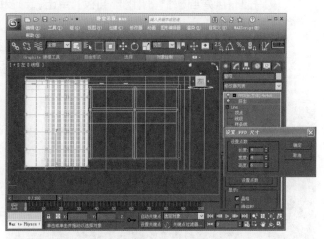

图 3-55　加入 FFD 修改

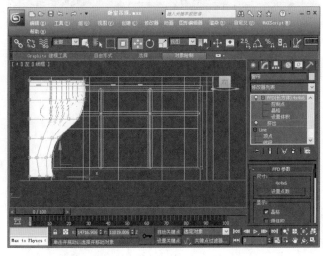

图 3-56　选择并移动控制点

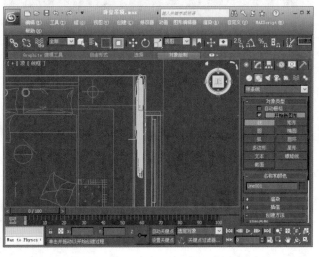

图 3-57　绘制曲线

(9) 在顶视图中同时选中"纱窗"、"窗帘"和"窗帘绳",单击工具栏中的【镜像】按钮,将其沿 x 轴镜像复制一组,调整复制后模型的位置,如图 3-59 所示。

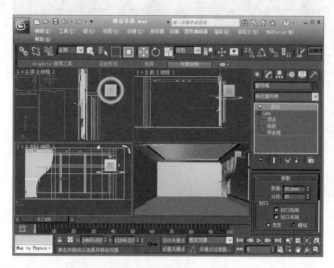

图 3-58　设置轮廓值　　　　　　　　　　图 3-59　镜像复制

(10) 打开【创建面板】下的【图形面板】,单击【线】按钮,在顶视图中参照墙体内轮廓绘制如图 3-60 所示形状线段,命名为"踢脚线"。

(11) 打开【修改面板】,进入【样条线】子对象层级,设置样条线的轮廓值为"-10 mm",制作出样条线的内轮廓,添加【挤出】修改命令,设置数量为"80 mm",对其进行调整,如图 3-61 所示。

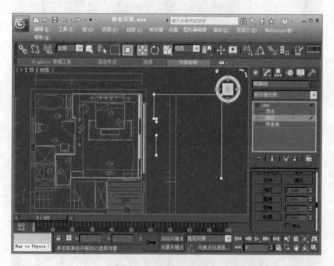
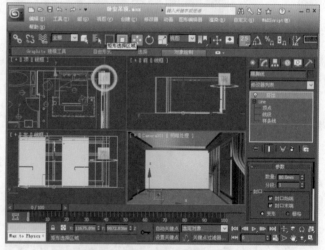

图 3-60　绘制踢脚线　　　　　　　　　　图 3-61　设置挤出参数

模块三　主卧室床背景墙的制作

一、创建主卧室床背景墙下部造型

(1) 在顶视图中创建一个【长度】为"200 mm"、【宽度】为"3830 mm"、【高度】为"1000 mm"的长方体,在顶视图和左视图中调整其位置,将其命名为"主卧室背景墙1",如图 3-62 所示。

(2) 在顶视图中创建一个【长度】为"30 mm"、【宽度】为"2000 mm"、【高度】为"1300 mm",【长度分段】为"2",【宽度分段】为"4",【高度分段】为"3"的长方体,在顶视图和前视图中选用【选择并移动】工具 调整其位置,将其命名为"主卧室背景墙 2",如图 3-63 所示。

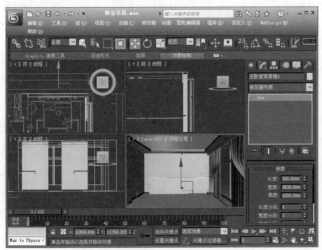

图 3-62　创建主卧室背景墙 1

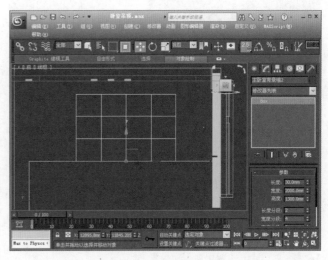

图 3-63　创建主卧室背景墙 2

（3）选择"主卧室背景墙 2"，单击鼠标右键，在弹出的菜单中选择【转换为】中的【转换为可编辑多边形】命令，将物体转换为可编辑多边形，如图 3-64 所示。

（4）调整中间边的宽度，使其符合"5 mm"缝隙的要求。打开【修改面板】，进入【边】子对象层级，选择中间部分横向及纵向的这 5 根边（包括视图中后面见不到的边），如图 3-65 所示。

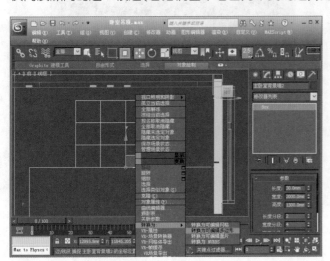

图 3-64　转换为可编辑多边形

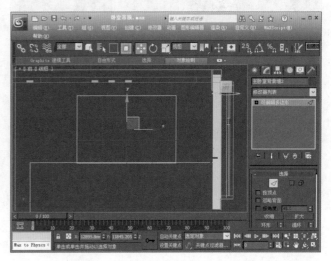

图 3-65　选择中间部分横向及纵向的边

（5）单击【切角】旁边的"设置"按钮 ，在弹出的对话框中的【切角量】输入"5 mm"，最后单击【确定】按钮完成操作，如图 3-66 所示。

（6）进入【多边形】子对象层级，选择【切角】命令生成的中间多边形，单击【挤出】按钮旁边的设置按钮 ，在弹出的【挤出多边形】对话框中的【挤出类型】项中选择【局部法线】类型，在挤出的高度中输入"－10 mm"，最后单击【确定】按钮，如图 3-67 所示。

（7）在顶视图中创建一个长度为"30 mm"、宽度为"915 mm"、高度为"1300 mm"、长度分段为"1"、宽度分段为"1"、高度分段为"1"的长方体，在顶视图和前视图中选用【选择并移动】工具 调整其位置，将其命名为"主卧室背景墙 3"，如图 3-68 所示。

（8）移动"主卧室背景墙 3"的位置。设置捕捉方式，在【捕捉开关】上单击鼠标右键，勾选【顶点】捕捉方式，关闭对话框，如图 3-69 所示。

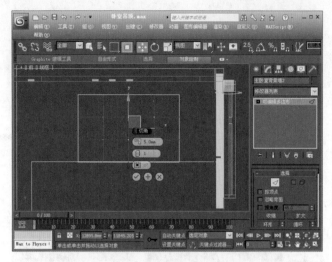

图 3-66　设置切角值

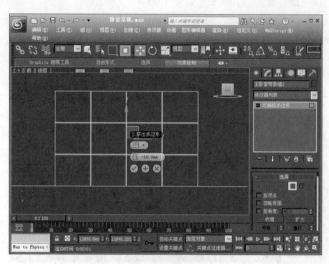

图 3-67　设置挤出值

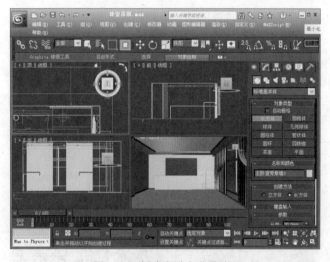

图 3-68　创建主卧室背景墙 3

图 3-69　设置顶点捕捉

(9) 选择"主卧室背景墙 3",然后将"主卧室背景墙 3"移到右边的墙角,如图 3-70 所示。

(10) 选择"主卧室背景墙 3",按住【Shift】键在顶视图中沿 X 轴拖动复制,在弹出的【克隆选项】中将【副本数】设置为"1",将复制出的"主卧室背景墙 4"移到主卧室背景墙的另一边,如图 3-71 所示。

(11) 在顶视图中创建一个长度为"30 mm"、宽度为"450 mm"、高度为"2600 mm"、长度分段为"1"、宽度分段为"1"、高度分段为"1"的长方体,在顶视图和前视图中选用【选择并移动】工具 ✥ 调整其位置,将其命名为"主卧室背景墙 5",如图 3-72 所示。

二、创建主卧室床背景墙上部造型

(1) 进入【创建面板】中的【图形创建】面板,单击【矩形】按钮,在左视图中创建一个长度为"280 mm"、宽度为"90 mm"的矩形,将其命名为"吊顶 2",如图 3-73 所示。

(2) 进入【修改面板】,为"吊顶 2"加入【编辑样条线】修改器,进入【线段】子对象层级,选择"吊顶 2"左边和下边的两条线段,按【Delete】键删除这两条线段,进入【样条线】子对象层级,选择样条线,设置样条线的轮廓值为"20 mm",制作出样条线内轮廓,如图 3-74 所示。

(3) 进入【挤出】修改器,设置【挤出】的数量为"4280 mm",这是"吊顶 2"的长度,单击工具栏上的【选择并移动】工具 ✥,在顶视图和前视图中调整其位置,如图 3-75 所示。

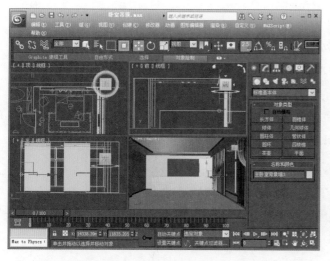

图 3-70　移动"主卧室背景墙 3"的位置

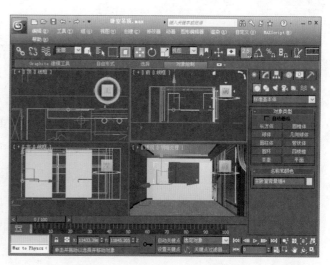

图 3-71　制作主卧室背景墙 4

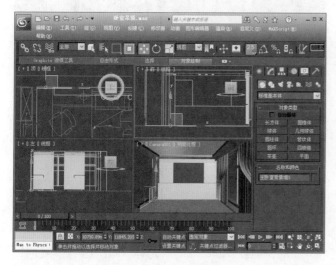

图 3-72　制作主卧室背景墙 5

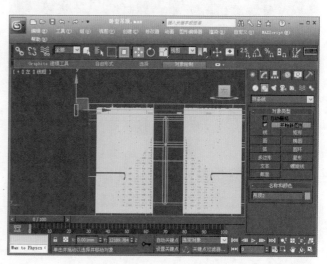

图 3-73　创建吊顶 2

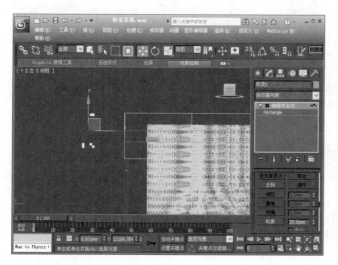

图 3-74　设置样条线轮廓值

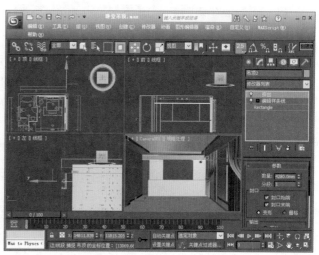

图 3-75　调整"吊顶 2"的位置

模块四　主卧室左墙的制作

一、创建左墙梳妆台

（1）在顶视图中创建一个长度为"1490 mm"、宽度为"400 mm"、高度为"50 mm"的长方体,单击工具栏中【捕捉开关】按钮,打开【捕捉开关】,再单击工具栏上的【选择并移动】工具 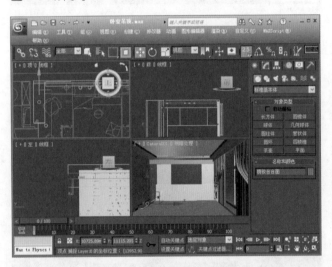,在顶视图和前视图中移动其位置,然后退出捕捉功能,将其命名为"梳妆台台面",如图 3-76 所示。

（2）在前视图中选择"梳妆台台面"物体,将光标移到工具栏中【选择并移动】工具 ✛ 上单击鼠标右键,在弹出的【移动变换输入】对话框中的【绝对:世界】项中的【Z】项中输入"800 mm",按【Enter】键确定,然后关闭对话框,如图 3-77 所示。

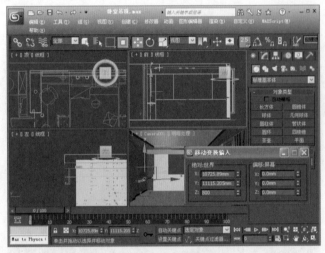

图 3-76　创建梳妆台台面　　　　　　　　　　　　图 3-77　移动梳妆台台面

（3）在顶视图中创建一个长度为"1370 mm",宽度为"360 mm",高度为"150 mm"长方体,单击工具栏中【捕捉开关】按钮,打开【捕捉开关】, 选择顶点捕捉,再单击工具栏上的【选择并移动】工具 ✛,在顶视图和前视图中移动其位置,然后退出捕捉功能,将其命名为"梳妆台1",如图 3-78 所示。

（4）在顶视图中创建一个长度为"440 mm",宽度为"20 mm",高度为"150 mm"长方体,单击工具栏中【捕捉开关】按钮,打开【捕捉开关】,选择顶点捕捉,再单击工具栏上的【选择并移动】工具 ✛,在顶视图和前视图中移动其位置,然后退出捕捉功能,将其命名为"抽屉",如图 3-79 所示。

（5）选择【抽屉】,按住【Shift】键,在左视图中沿 X 轴拖动复制,在弹出的【克隆选项】中将【副本数】设置为"2",将复制出"抽屉 02"、"抽屉 03",移动好位置后,如图 3-80 所示。

（6）在顶视图中创建一个长度为"1480 mm"、宽度为"5 mm"、高度为"1650 mm"的长方体,在顶视图和左视图中选择【选择并移动】工具 ✛ 调整其位置,将其命名为"镜子",如图 3-81 所示。

（7）进入【创建面板】中的【图形创建】面板,单击【矩形】按钮,在顶视图中创建一个长度为"120 mm"、宽度为"80 mm"的矩形,将其命名为"左墙 01",如图 3-82 所示。

（8）进入【修改面板】,为"左墙 01"加入【编辑样条线】修改器,进入【线段】子对象层级,选择"左墙 01"左边和下边的两条线段,按【Delete】键删除这两条线段,进入【样条线】子对象层级,选择样条线,设置样条线的轮廓值为"20 mm",制作出样条线内轮廓,如图 3-83 所示。

（9）进入【挤出】修改器,设置"挤出"的数量为"2600(mm)",这是"左墙 01"的高度,单击工具栏上的【选择并移动】工具 ✛,在顶视图和前视图中调整其位置,如图 3-84 所示。

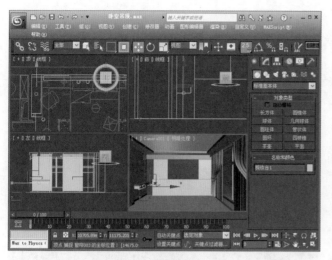

图 3-78　创建梳妆台 1

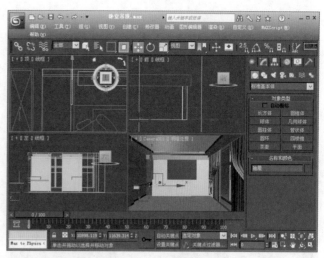

图 3-79　创建抽屉

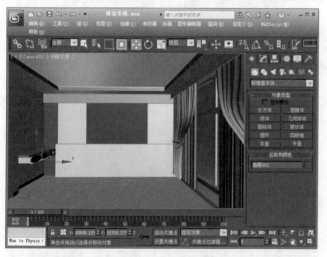

图 3-80　复制抽屉

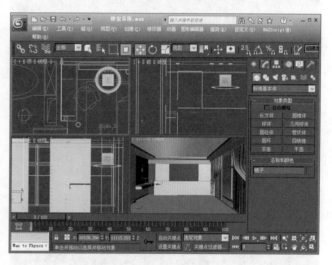

图 3-81　创建镜子

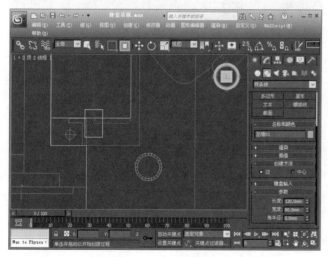

图 3-82　创建左墙 01

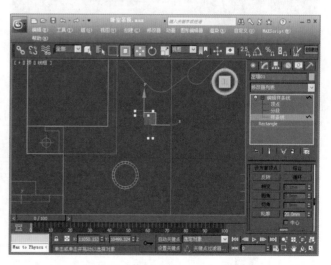

图 3-83　设置样条线轮廓值

二、创建门

(1) 绘制矩形。隐藏所有物体,将左视图最大化显示,在左视图中创建一个长度为"2000 mm"、宽度为"800 mm"的矩形,并将其命名为"卧室门框",如图3-85所示。

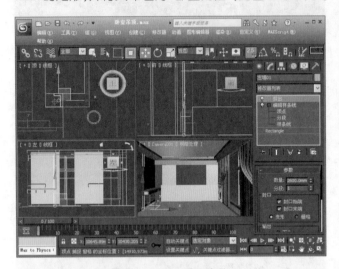

图3-84　设置挤出参数　　　　　　　　　　　　　图3-85　制作卧室门框

(2) 绘制轮廓线。选择矩形转换为可编辑样条线,如图3-86所示。

(3) 进入【线段】子对象层级,选择矩形的下面这条边,按【Delete】键将其删除,如图3-87所示。

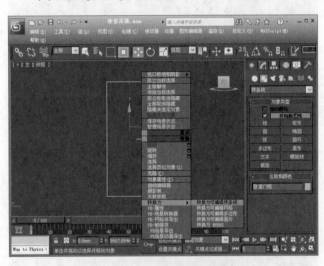
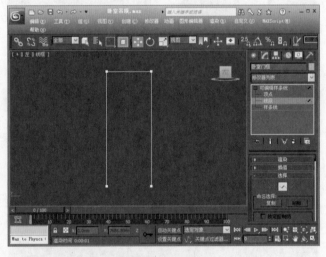

图3-86　转换为可编辑样条线　　　　　　　　　　图3-87　删除线段

(4) 进入【样条线】子对象层级选择矩形轮廓,在【轮廓】按钮旁边的【轮廓】项中输入"-60 mm",如图3-88所示。

(5) 移动点的位置。进入【顶点】子对象层级,单击工具栏上的【选择并移动】工具 ⊹ ,选择矩形上方的四个顶点,在左视图中沿Y轴向下移动"-2 mm",选择矩形左方的四个顶点,在左视图中沿X轴向右移动"2 mm",选择矩形右方的四个顶点,在左视图中沿X轴向左移动"-2 mm",要超出门的位置,在渲染时能看出门套,如图3-89所示。

(6) 进入【挤出】修改器,设置"挤出"的数量为"250 mm",这是门套的厚度,在顶视图和前视图中选择【选择并移动】工具 ⊹ 调整其位置,如图3-90所示。

(7) 创建门平面。在左视图中创建一个长度为"2000 mm"、宽度为"800 mm"、长度分段为"1"和宽度分段为"3"的平面,并将平面命名为"门",如图3-91所示。

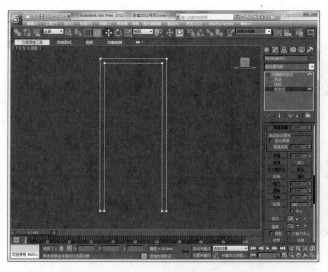

图 3-88　设置轮廓

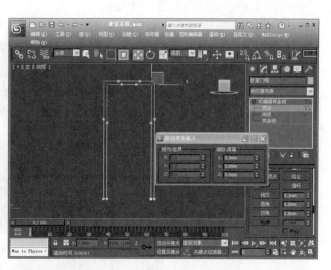

图 3-89　移动矩形上方顶点

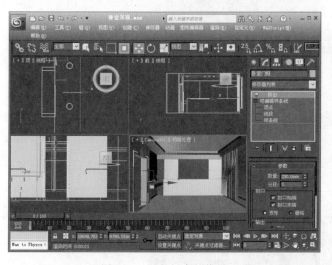

图 3-90　调整门套的位置

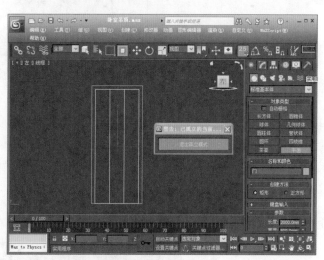

图 3-91　绘制门

（8）进行切角操作。将"门"平面转换为【可编辑多边形】，进入"边"子对象层级，选择中间的两根分段边，调整两根分段边的位置，然后单击【切角】按钮进行切角操作，切角量为"10 mm"，如图 3-92 所示。

（9）取消所有隐藏的物体，将门框、门移到如图 3-93 所示的位置。

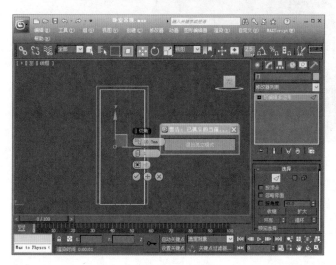

图 3-92　设置切角参数

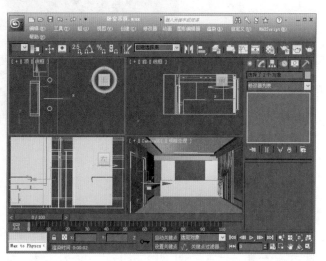

图 3-93　调整门的位置

（10）渲染后的效果如图 3-94 所示。

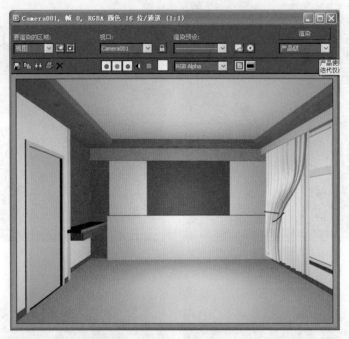

图 3-94　渲染后的效果图

模块五　导入卧室室内模型，丰富空间

完成了卧室框架的建模工作，接下来可以进行各种卧室室内物品的导入工作。本模块主要导入床组合、壁灯和吊灯等模型。导入家具模型后的效果如图 3-95 所示。

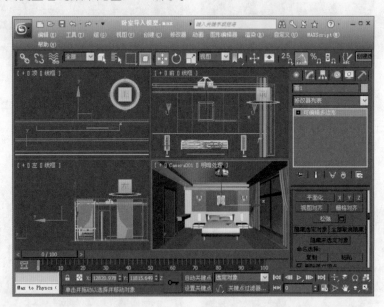

图 3-95　导入家具模型后的效果

一、合并家具

（1）单击菜单栏左端的 按钮，选择【导入】菜单，单击【合并】命令，在弹出的【合并文件】对话框中，如图 3-96所示，打开随书光盘中的【项目实训三】目录下的【床.max】文件。

图 3-96　合并菜单

（2）在弹出【合并-床】的对话框中，取消"灯光"和"摄影机"的勾选，然后单击 **全部(A)** 按钮，选中所有的模型部分，将它们合并到场景中来，如图 3-97 所示。

图 3-97　合并物体

（3）在顶视图和前视图中选中"床"，并调整其位置，如图 3-98 所示。

（4）单击菜单栏左端的 ⊙ 按钮，选择【导入】菜单，单击【合并】命令，在弹出的【合并文件】对话框中，打开随书光盘中的【项目实训三】目录下的【壁灯组合.max】文件，如图 3-99 所示。

（5）合并随书光盘中的【项目实训三】目录下的【吊灯.max】文件，将所有构件合并到场景中，并在视图中调整合并后的模型位置，如图 3-100 所示。

二、创建装饰画

（1）在顶视图中创建一个长度为"30 mm"、宽度为"500 mm"、高度为"600 mm"的长方体，选择【选择并移动】工具 ✛，将长方体移到如图 3-101 所示的位置，然后将长方体命名为"装饰画"。

（2）对装饰画进行倒角操作，使细节更加逼真。将装饰画物体转换为可编辑多边形，打开【修改面板】，选择【多边形】子对象层级，然后选择"长方体"的前面，单击【可编辑多边形】子对象层级中的【倒角】旁边的设置按钮 ▣，在弹出的【倒角多边形】对话框中的【高度】项输入"0 mm"，在【轮廓】项中输入"－40 mm"，最后单击【确定】按钮，如图 3-102 所示。

图 3-98　调整床组合的位置

图 3-99　合并壁灯

图 3-100　合并吊灯

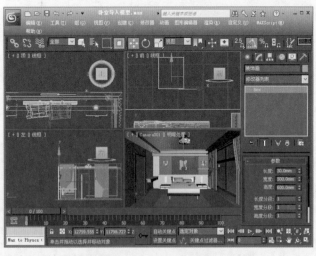

图 3-101　创建装饰画

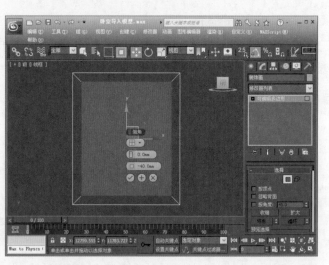

图 3-102　设置倒角参数

（3）对装饰画进行分离操作，保持上一步操作的选择状态。在【修改面板】中的【编辑几何体】项中单击【分离】按钮，在弹出的【分离】对话框中的【分离为】项中输入名称"画1"，然后单击【确定】按钮，如图3-103所示。

（4）调整好装饰画位置的最终效果如图3-104所示。

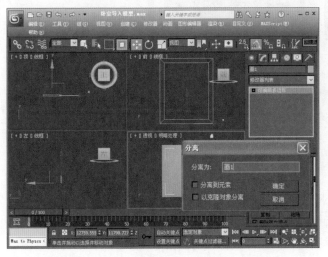

图3-103　装饰画分离操作

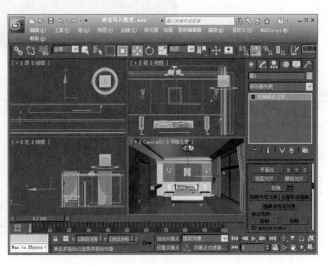

图3-104　调整好装饰画位置后的最终效果图

模块六　设置卧室材质

本模块所表现的是简约风格的卧室，浅色调为主，体现大方、优雅的效果，胡桃木饰面背景墙和深色地板，给整体的浅色调的空间增添了一丝庄重的感觉，如图3-105所示。

图3-105　主卧室材质效果

一、设置渲染器

完成了卧室场景的创建，接着就要进行材质的设置，在设置VRay材质之前，要将渲染器更改为VRay渲染器，并对VRay渲染器进行设置，然后进行VRay材质的设置，设置完成后再进行渲染。

（1）单击【渲染设置对话框】按钮，在弹出的【渲染场景：默认扫描线渲染器】对话框中的【公用】面板下打开【指定渲染器】卷展栏，单击【产品级：默认扫描线渲染器】右边的按钮，在弹出的【选择渲染器】对话框中选择

【V-Ray Adv 2.10.01】,单击【确定】按钮,完成渲染器的更改,如图 3-106 所示。

图 3-106　设置 VRay 渲染器

(2) 设置测试渲染参数。按【F10】键打开【渲染设置】对话框,进入【V-Ray】面板,打开的【全局开关】卷展栏,设置全局参数,把默认灯光复选框设置为"关",如图 3-107 所示。

(3) 打开【图像采样器】卷展栏,为了提高渲染速度,可以将图像采样的【类型】设置为"固定",并取消【抗锯齿过滤】选项,如图 3-108 所示。

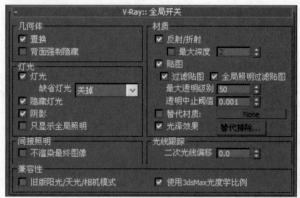

图 3-107　设置全局开关参数

图 3-108　设置图像采样器参数

(4) 进入【间接照明】面板,打开【V-Ray:间接照明(GI)】卷展栏,勾选"开"复选框开启间接照明,然后设置【首次反弹:全局照明引擎】为【发光贴图】,【二次反弹:全局照明引擎】为【灯光缓存】,使场景接受全局间接照明,如图 3-109 所示。

(5) 在【发光贴图】卷展栏中,设置发光贴图参数。【发光贴图】卷展栏可以调节发光贴图的各项参数,该卷展栏只有在发光贴图被指定为当前初级漫射反弹引擎的时候才能被激活,如图 3-110 所示。

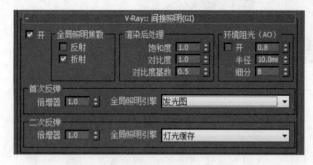

图 3-109　设置间接照明参数

图 3-110　设置发光贴图参数

(6) 在【灯光缓存】卷展栏中,设置【灯光缓存】,参数如图 3-111 所示。

(7) 进入【间接照明】面板,打开【V-Ray:环境】卷展栏,在【全局照明环境(天光)覆盖】区域,勾选"开"复选框开启环境,如图 3-112 所示。

图 3-111　设置灯光缓存参数

图 3-112　设置环境参数

(8) 在【颜色贴图】卷展栏中,设置颜色贴图区域中的类型为"指数"方式,如图 3-113 所示。

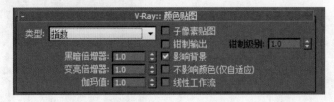

图 3-113　设置颜色贴图参数

(9) 基本参数设置完成后,按【F9】键开始渲染,效果如图 3-114 所示。

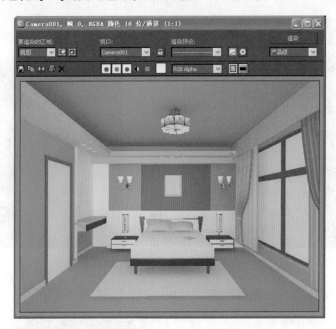

图 3-114　渲染效果

二、设置材质

(1) 选择墙体,然后打开【修改面板】,进入【多边形】子对象层级,选择墙体底面,选择【分离】按钮,在弹出【分离】对话框中的【分离为】选项中命名为"地面",单击【确定】按钮,如图 3-115 所示。

(2) 在场景中选择"地面"物体,打开【材质编辑器】,选择一个材质球,将材质的名称修改为"地板",如图 3-116 所示。

(3) 在材质编辑器中,将其指定为 VRay 材质类型,单击漫反射后的█按钮,在弹出的【材质/贴图浏览器】对话框中选择【标准贴图】下的【位图】,在弹出的【选择位图文件】对话框中选择配套光盘下【项目训练三】目录下的【木地板 A】图片文件,在坐标卷展栏下,设置角度"W"为"90",如图 3-117 所示。

(4) 单击"反射"后的按钮█,在【材质/贴图浏览器】对话框中选择【衰减贴图】,如图 3-118 所示。

图 3-115　分离地面

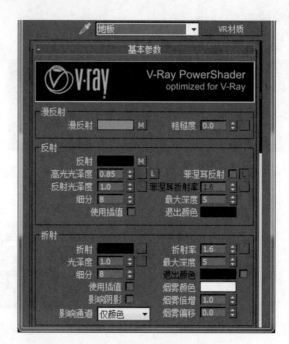

图 3-116　制作地板材质

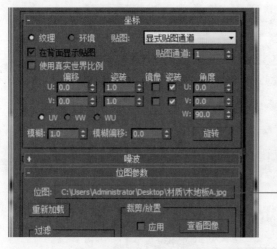

图 3-117　选择地板图片

（5）在【衰减】卷展栏下设置参数，设置衰减类型为【Fresnel】，如图 3-119 所示。

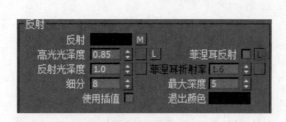

图 3-118　设置反射贴图

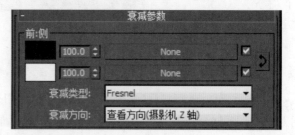

图 3-119　设置衰减参数

（6）单击转为父对象按钮，返回父级。在【贴图】卷展栏下设置【反射】参数为"40"，并将漫反射贴图拖动复制到凹凸贴图通道中，设置参数，如图 3-120 所示。

（7）在摄影机视图中选择"地面多边形"，然后打开【修改面板】，进入【多边形】子对象层级，单击【将材质指定给选定对象】按钮 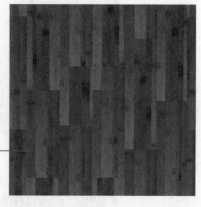，将地板材质赋予选择的模型，为其添加【UVW Map】修改命令，如图 3-121 所示。

（8）选择一个材质球，将材质的名称修改为"胡桃木"，如图 3-122 所示。

图 3-120　设置凹凸贴图

图 3-121　设置添加 UVW 贴图及设置参数

图 3-122　制作胡桃木材质对话框

（9）在材质编辑器中，将其指定为 VRay 材质类型，单击漫反射后的 ▉ 按钮，在弹出的【材质/贴图浏览器】对话框中选择【标准贴图】下的【位图】，在弹出的【选择位图文件】对话框中选择配套光盘下【项目训练三】目录下的【胡桃木】图片文件，设置反射通道颜色为(R：29，G：29，B：29)，设置【高光光泽度】为"0.8"，设置【反射光泽度】为"0.85"，勾选【菲涅耳反射】，如图 3-123 所示。

（10）在视图中选中"门套"、"踢脚线"、"主卧室背景墙 1"、"主卧室背景墙 2"、"主卧室背景墙 5"、"左墙梳妆台

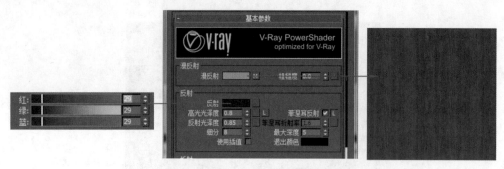

图 3-123　设置基本参数

台面"、"窗框"等模型,单击【将材质指定给选定对象】 按钮,将胡桃木材质赋予选择的模型,为其添加【UVW Map】修改命令,设置参数如图 3-124 所示。

(11) 选择一个材质球,将材质的名称修改为"主卧室背景墙 2",将其指定为【多维/子材质】类型,设置参数如图 3-125 所示。

图 3-124　设置 UVW Map

图 3-125　设置多维/子材质基本参数

(12) 在视图中选中"主卧室背景墙 2",在修改面板下的【可编辑多边形】列表中,选中【多边形】子对象,设置多边形材质 ID,如图 3-126 所示。

(13) 在材质编辑器中打开 ID1 子材质,把"胡桃木"材质实例复制到 ID1 的子材质 胡桃木（VR材质） 按钮下,如图 3-127 所示。

(14) 打开 ID2 子材质,将其指定为 VRayMtl 材质类型,设置参数,如图 3-128 所示。

(15) 在视图中选中"主卧室背景墙 2",单击 按钮,将材质赋予选中的模型,赋予材质后的效果如图 3-129 所示。

(16) 选择一个材质球,将材质的名称修改为"墙纸",如图 3-130 所示。

(17) 在材质编辑器中,将其指定为 VRay 材质类型,单击【漫反射】后面的 按钮,在弹出的【材质/贴图浏览器】对话框中选择【标准贴图】下的【位图】,在弹出的【选择位图文件】对话框中选择配套光盘下【项目训练三】目录下的【墙纸】图片文件,如图 3-131 所示。

(18) 然后在【贴图】卷展栏把漫反射通道贴图拖到凹凸通道中,设置"凹凸"值为"20",其他参数保持默认设置即可,如图 3-132 所示。

(19) 在视图中选择"主卧背景墙 3""主卧背景墙 4"模型,单击【将材质指定给选定对象】 按钮,将"墙纸"材质赋予选择的模型,为其添加【UVW Map】修改命令,设置完成后的墙纸材质球效果如图 3-133 所示。

(20) 选择一个材质球,将材质的名称修改为"乳胶漆",在【漫反射】通道设置颜色为(R:246,G:255,B:247),设置【细分】值为"18",目的是得到更好的采样效果,如图 3-134 所示。

(21) 在视图中选中"墙体""左墙 01""吊顶""窗箱"、"吊顶 02",单击【将材质指定给选定对象】 按钮,将乳胶漆材质赋予选择的模型,如图 3-135 所示。

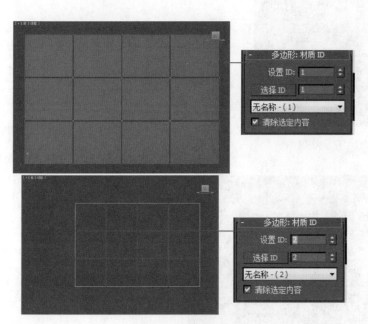

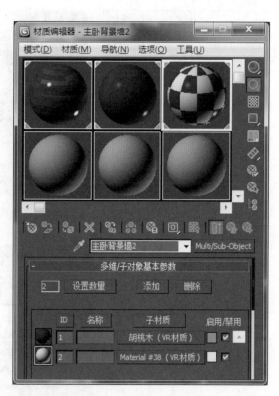

图 3-126　设置材质 ID

图 3-127　设置 ID1 材质

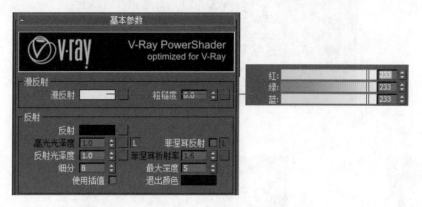

图 3-128　设置 ID2 材质

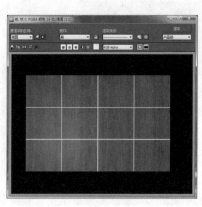

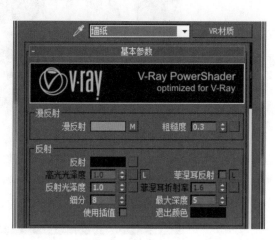

图 3-129　赋予模型材质后的效果

图 3-130　设置墙纸材质

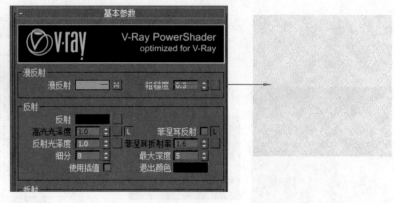

图 3-131 设置墙纸贴图

图 3-132 设置凹凸材质

图 3-133 赋予材质

 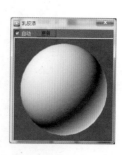

图 3-134　设置乳胶漆材质

图 3-135　赋予乳胶漆材质

（22）按【M】键打开材质编辑器，选择一个材质球，将材质的名称修改为"窗帘"，将其指定为 VRay 材质类型，单击漫反射后的 ▭ 按钮，在弹出的【材质/贴图浏览器】对话框中选择【标准贴图】下的【位图】，在弹出的【选择位图文件】对话框中选择配套光盘下【项目训练三】目录下的【BW-122】图片文件，如图 3-136 所示。

（23）在凹凸通道上指定一个布料的纹理贴图，然后在【贴图】卷展栏把【漫反射】通道贴图拖到凹凸通道中，设置【凹凸】值为"40"，其他参数保持默认设置即可，如图 3-137 所示。

（24）在视图中选中"窗帘"，单击 ⬛ 按钮，将窗帘材质赋予选择的模型，为其添加【UVW Map】修改命令，设置参数如图 3-138 所示。

（25）选择一个材质球，将材质的名称修改为"纱窗"，将其指定为 VRay 材质类型，单击漫反射后的按钮 ▭，在【材质/贴图浏览器】对话框中选择 衰减 贴图类型，如图 3-139 所示。

（26）进入【贴图】卷展栏，在不透明通道上设置纱窗的透明效果，具体参数设置如图 3-140 所示。

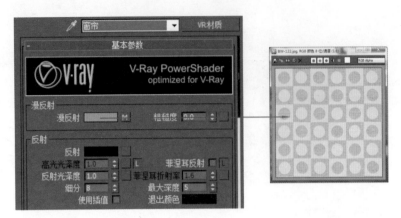

图 3-136 设置窗帘材质

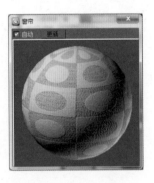

图 3-137 设置凹凸贴图

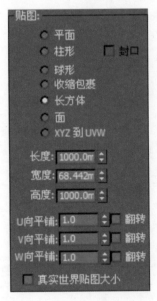

图 3-138 将窗帘材质赋予对象

(27) 选择一个材质球,将材质的名称修改为"玻璃",在材质编辑器的中,将其指定为 VR 材质类型,设置反射通道的颜色为白色(R:250,G:250,B:250),让材质完全反射,勾选【菲涅耳反射】,设置【折射】通道的颜色为"白色"(R:250,G:250,B:250),表示材质完全透明,设置折射率为"1.5",这是玻璃的折射率;设置【烟雾颜色】为"淡蓝色",

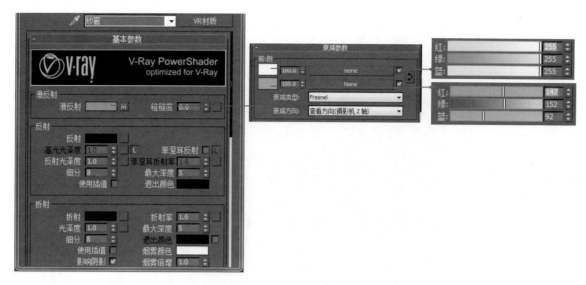

图 3-139　设置纱窗材质

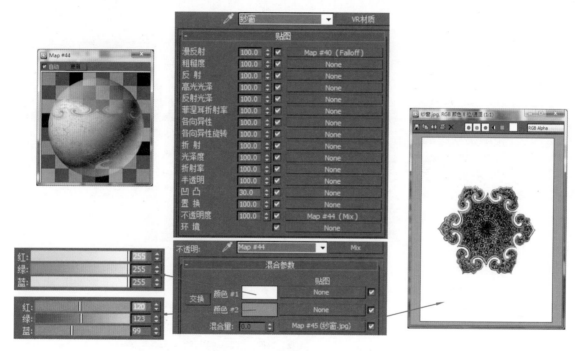

图 3-140　设置纱窗透明效果

让玻璃呈现淡淡的蓝色,设置【烟雾倍增】为"0.001",让颜色不那么浓,设置完成的玻璃材质后的参数如图 3-141 所示。

（28）在视图中选中玻璃,单击 按钮,将玻璃材质赋予选择的模型。

（29）选择一个材质球,将材质的名称修改为"窗格",在材质编辑器中,将其指定为 VRay 材质类型,设置【漫反射】颜色为(R:10,G:25,B:7),【反射】颜色为(R:185,G:185,B:185),勾选【菲涅耳反射】,【高光光泽度】为"0.63",【反射光泽度】为"0.5",【细分】值为"15",然后在 BRDF 里设【各向异性】为"0.4",【旋转】为"85",如图 3-142 所示。

（30）选择一个材质球,将材质的名称修改为"镜子",先设置【漫反射】通道的颜色为"黑色"(R:0,G:0,B:0),设置【反射】通道的颜色为(R:255,G:255,B:255),让镜子完全反射,其他参数不变,如图 3-143 所示。

（31）在视图中选中"镜子"模型,单击 按钮,将镜子材质赋予选择的模型。

（32）选择一个材质球,将材质的名称修改为"地毯",将其指定为 VRay 材质类型,单击【漫反射】后面的按钮

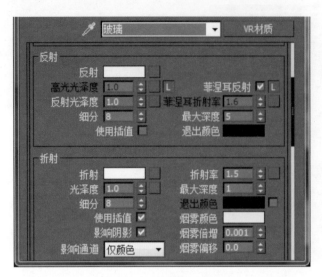

图 3-141　设置玻璃材质

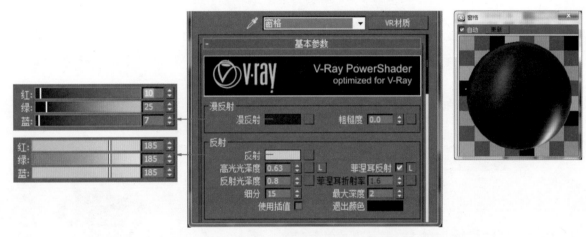

图 3-142　设置窗格材质

图 3-143　设置镜子材质参数

，在弹出的【材质/贴图浏览器】对话框中选择【标准贴图】下的【位图】，在弹出的【选择位图文件】对话框中选择配套光盘下【项目训练三】目录下的【绒毛地毯】图片文件，如图 3-144 所示。

（33）设置反射通道颜色为(R:11,G:11,B:11)，设置高光光泽度为"0.25"、最大深度为"2"，在【选项】卷展栏中把跟踪反射选项的勾选去掉。在【贴图】卷展栏中，在【凹凸】通道中添加一张地毯图片，设置【凹凸】强度为"50"，设

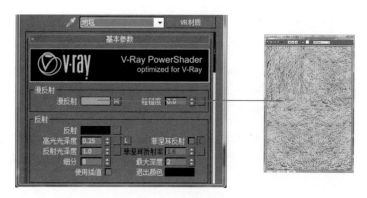

图 3-144　设置地毯材质

置【模糊】为"0.5",在置换通道中添加一张同样的地毯贴图,并设置参数为"5",在视图中选中地毯,单击 [图标] 按钮,将地毯材质赋予选择的模型,如图 3-145 所示。

图 3-145　设置置换贴图

（34）选择一个材质球,将材质的名称修改为"床垫",将其指定为 VRay 材质类型,在【漫反射】通道里添加一个【衰减贴图】,设置衰减方式为【Fresnel】,以表现出布料的质感,在【反射】通道设置【反射】颜色为(R:8,G:8,B:8),设置【高光光泽度】为"0.26",设置【细分】值为"12",如图 3-146 所示。

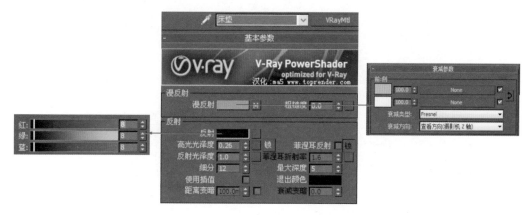

图 3-146　设置床垫材质参数

（35）在【选项】卷展栏中把跟踪反射选项的勾选去掉。在【贴图】卷展栏中,在凹凸通道中添加一张布料图片,设置【凹凸】为"160",如图 3-147 所示。

（36）在视图中选中床垫,单击 [图标] 按钮,将床垫材质赋予选择的模型。

图 3-147　设置凹凸贴图

(37) 选择一个材质球,将材质的名称修改为"抱枕",在材质编辑器中,将其指定为 VRay 材质类型,单击漫反射后的按钮 ![],在弹出的【材质/贴图浏览器】对话框中选择【标准贴图】下的【位图】,在弹出的【选择位图文件】对话框中选择配套光盘下【项目训练三】目录下的【BW－125】抱枕图片文件。设置【高光光泽度】为"0.75",设置【反射光泽度】为"0.7",设置【细分】值为"15",勾选【菲涅尔反射】,如图 3-148 所示。

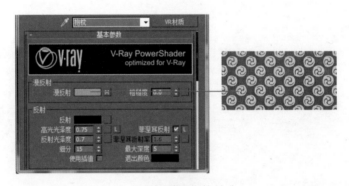

图 3-148　设置抱枕材质

(38) 在凹凸贴图中设置一个凹凸贴图,设置【凹凸】强度为"－80",设置【模糊】参数为"0.4",使得凹凸纹理更清晰,如图 3-149 所示。

图 3-149　设置凹凸贴图

(39) 在视图中选中"抱枕",单击 ![] 按钮,将抱枕材质赋予选择的模型。

(40) 选择一个材质球,将材质的名称修改为"不锈钢",在【漫反射】通道设置颜色为(R:20,G:20,B:20),在【反射】通道设置颜色为(R:220,G:220,B:220),设置【高光光泽度】为"0.85",【反射光泽度】为"0.95",设置【细分】值为

"15",如图 3-150 所示。

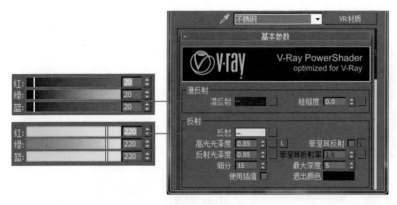

图 3-150　设置不锈钢材质

（41）在视图中选中"筒灯",单击 ⊗ 按钮,将不锈钢材质赋予筒灯模型。

（42）选择一个未用的材质球,命名为"灯泡",参数设置如图 3-151 所示。

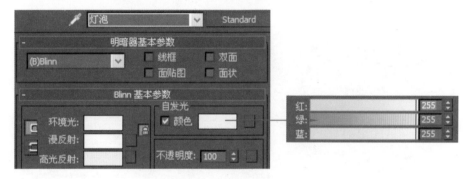

图 3-151　设置灯泡材质

（43）在视图中选中所有灯泡,单击 ⊗ 按钮,将材质赋予选中的模型。

（44）关于其他材质设置,请参考项目源文件,这里不再详细介绍。

模块七　创建灯光

　　3ds Max 2012 可模拟各种光影效果,VRay 灯光可以制作出真实的灯光效果,包括阳光、灯带、天光及室内的反射传播。同时利用光度学灯光可以模拟出筒灯、壁灯的灯光效果,如图 3-152 所示。

一、设置"吊顶"的暗藏灯光

　　（1）打开【灯光面板】,将"光度学"灯光切换为"VRay"灯光,在 VRay 灯光创建面板中,单击【VRay 灯光】按钮,在顶视图中创建一盏 VRay 灯光,选择 VRay 灯光,沿 Y 轴旋转－90 度,并在前视图和左视图中将 VRay 灯光移到"吊顶"上,如图 3-153 所示。

　　（2）进入【修改面板】,将灯光的名称修改为"吊顶灯 01",在【参数】卷展栏下设置灯光强度倍增器的数值,设置灯光的大小,设置选项的类型,如图 3-154 所示。

　　（3）在顶视图、前视图中调整"吊顶灯 01"的方向和位置,如图 3-155 所示。

　　（4）在前视图中将"吊顶灯 01"旋转复制两个灯,分别命名为"吊顶灯 02""吊顶灯 03",调整灯的位置,如图 3-156 所示。

　　（5）单击工具栏上的【渲染】按钮,渲染观察设置暗藏灯光后的效果,如图 3-157 所示。

图 3-152　创建灯光的效果

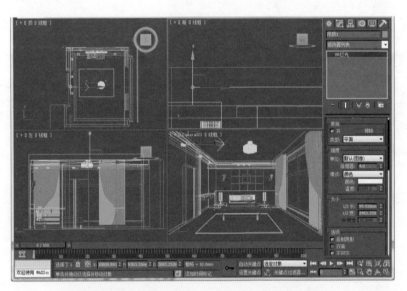

图 3-153　创建 VRay 灯光

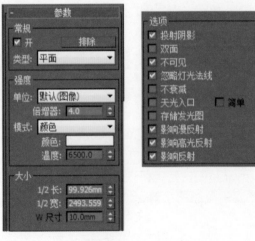

图 3-154　参数设置

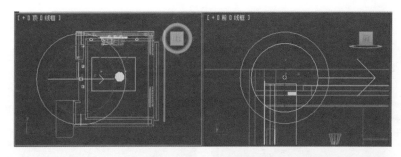

图 3-155　调整"吊顶灯 01"的位置

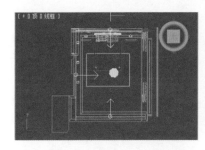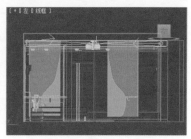

图 3-156　调整"吊顶灯 02"和"吊顶灯 03"的位置

图 3-157　渲染效果

二、创建"吊顶灯 04"的暗藏灯光

（1）进入【灯光面板】，单击【VRay 灯光】按钮，在前视图中创建一盏 VRay 灯光，并在顶视图和左视图中将 VRay 灯光移到"床背景墙上部造型"的位置上，进入【修改面板】，将灯光的名称命名为"吊顶灯 04"。在顶视图、左视图中调整"吊顶灯 04"的方向和位置，如图 3-158 所示。

（2）进入【修改面板】，将灯光的名称修改为"吊顶灯 04"，在【参数】卷展栏下设置"吊顶灯 04"的光强度倍增器的数值，设置灯光的大小，设置选项的类型，如图 3-159 所示。

三、创建"左墙"的暗藏灯光

（1）在前视图"左墙 01"的位置创建一盏 VRay 灯光，并在顶视图和前视图中调整位置如图 3-160 所示。

（2）进入【修改面板】，将灯光的名称修改为"左墙灯 01"，在【参数】卷展栏下设置灯光强度倍增器的数值，设置灯光的颜色，设置选项的类型，如图 3-161 所示。

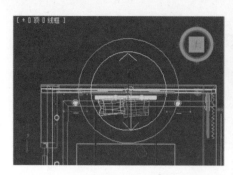
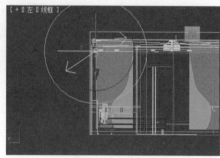

图 3-158　调整"吊顶灯 04"的位置

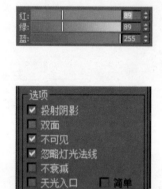

图 3-159　"吊顶灯 04"的参数设置

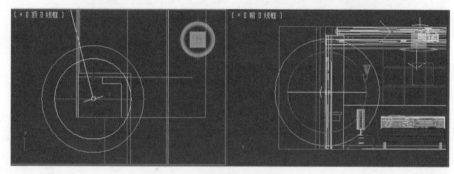

图 3-160　调整灯光的位置

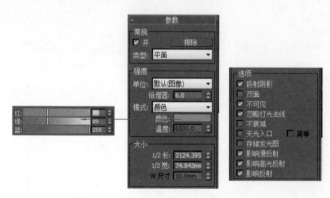

图 3-161　"左墙灯 01"的参数设置

（3）单击工具栏上的【渲染】按钮，观察渲染设置暗藏灯光后的效果，如图 3-162 所示。

图 3-162　渲染效果

四、创建"吊顶"的筒灯

（1）在【灯光面板】中将"VRay"灯光切换为"光度学"灯光，在"光度学"灯光创建面板中，单击【目标灯光】按钮，在前视图中创建一盏目标灯光，并在顶视图和前视图中调整位置，如图 3-163 所示。

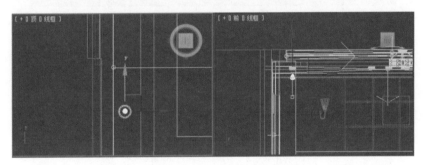

图 3-163　灯光的位置

（2）进入【修改面板】，修改灯光的名称为"筒灯 01"，设置灯光的阴影类型和灯光的分布类型，修改灯光的强度并载入光域网文件（光域网文件在配套光盘【项目训练三】目录下的【筒灯】中），如图 3-164 所示。

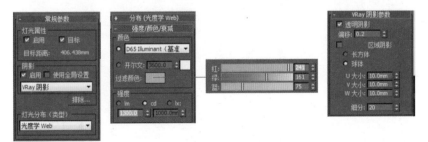

图 3-164　"筒灯 01"的参数设置

（3）运用移动复制的方法，在顶视图中实例复制出"筒灯"上的一组灯光，如图 3-165 所示。

（4）同样用选择并旋转复制的方法，在顶视图中复制出床头方向的三个筒灯。

（5）单击工具栏上的【渲染】按钮，观察筒灯灯光设置渲染后的效果，如图 3-166 所示。

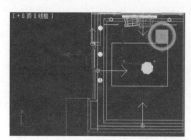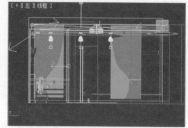

图 3-165　复制出的灯光的位置

图 3-166　渲染效果

五、创建窗户灯光

（1）在左视图中创建一盏 VRay 灯光,命名为"夜光",并在顶视图和前视图中将 VRay 灯光移到"窗户"的位置上。在顶视图、前视图中调整"夜光"的方向和位置,如图 3-167 所示。

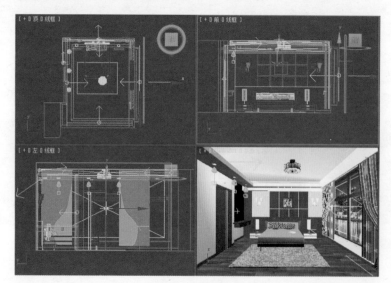

图 3-167　夜光的位置

（2）进入【修改面板】,将灯光的名称修改为"夜光",在【参数】卷展栏下设置灯光强度倍增器的数值,设置灯光的颜色,设置选项的类型,如图 3-168 所示。

图 3-168　设置夜光参数

六、创建吊顶灯光

(1) 在顶视图中创建一盏 VRay 灯光,并在顶视图和前视图中将 VRay 灯光移到"吊顶"的位置上,调整 VRay 灯光的方向和位置,如图 3-169 所示。

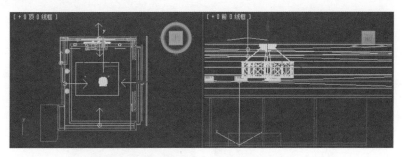

图 3-169　灯光的位置

(2) 进入【修改面板】,将灯光的名称修改为"吊顶灯",在【参数】卷展栏下设置灯光强度倍增器的数值,设置灯光的颜色,设置选项的类型,如图 3-170 所示。

图 3-170　设置吊顶灯灯光参数

七、创建壁灯灯光

(1) 打开【创建面板】,单击【灯光】按钮,在下拉菜单中选择【光度学】选项,单击【目标灯光】按钮,在前视图中创建一盏目标点光源,然后选择【选择并移动】工具 ✛ 在各个视图中调整灯光的位置,并将其放置在"壁灯"模型里,位置如图 3-171 所示。

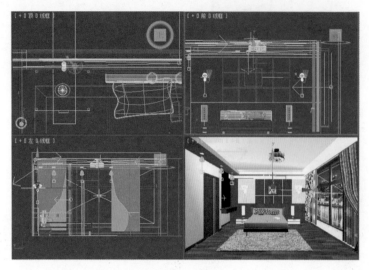

图 3-171　壁灯的位置

（2）设置壁灯灯光参数。选择目标点灯光,打开【修改面板】,在【灯光分布类型】的下拉菜单中选择【光度学Web】,单击【选择光度学文件】按钮,加载光域网文件(光域网文件在选择配套光盘下【项目训练三】目录下的【壁灯】中),在【过滤颜色】项中将灯光设置为"黄色",在【强度】项中将"结果强度"设置为"1000cd",如图 3-172 所示。

图 3-172　设置壁灯的灯光参数

（3）实例复制壁灯灯光。在前视图中实例复制壁灯,并将壁灯调整到如图 3-173 所示的位置。

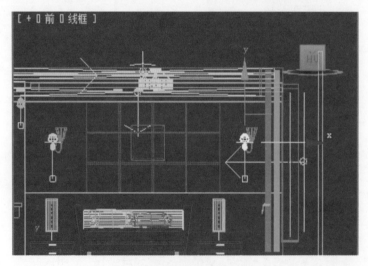

图 3-173　壁灯的位置

（4）单击工具栏上的【渲染】按钮，渲染观察设置"壁灯"后的效果，如图 3-174 所示。

图 3-174　渲染效果图

（5）观察此时的效果图，整体亮度基本可以，在前视图中创建一盏 VRay 灯光，提亮一下近处的亮度，调整位置，如图 3-175 所示。

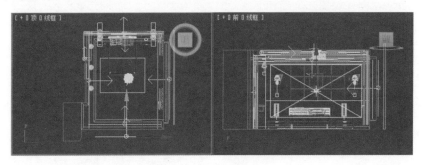

图 3-175　灯光的位置

（6）设置基本参数，如图 3-176 所示。

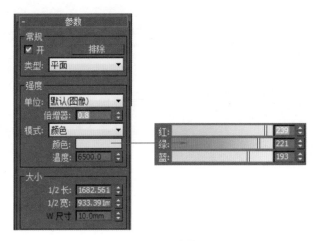

图 3-176　补光参数设置

（7）单击工具栏上的【渲染】按钮，观察设置补光后的效果，如图 3-177 所示。

图 3-177　渲染效果图

（8）单击标题栏上的【保存】按钮，将文件保存。

模块八　渲染出图

材质赋予好了，将 VRay 灯光设置完成后，就可以进行渲染出图了。渲染完成的位图效果如图 3-178 所示。完成渲染出图的操作有以下几个步骤。

一、设置背景颜色

设置背景颜色，选择菜单上的【渲染】中的【环境】命令，在弹出的【环境和效果】对话框中，将【背景】项颜色设置为"浅蓝色"，然后关闭对话框，如图 3-179 所示。

图 3-178　最终效果

图 3-179　设置背景颜色

二、设置输出大小

选择菜单栏上的【渲染】中的【渲染】命令，在弹出的【渲染场景】对话框中，将【公用参数】卷展栏下【输出大小】的【宽度】设置为"1600"、【高度】设置为"1200"，然后单击【渲染】按钮，系统开始渲染图片，如图 3-180 所示。

三、最终成品渲染设置

（1）按【F10】键打开【渲染设置】对话框，进入【V-Ray】选项卡，如图 3-181 所示。

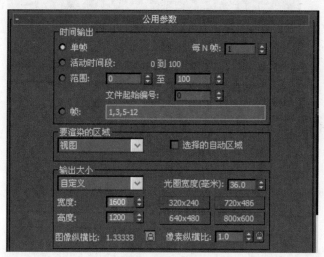

图 3-180　设置输出大小

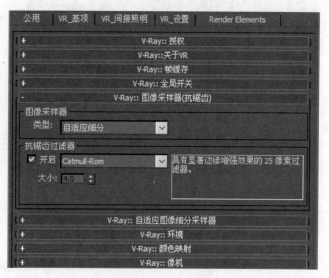

图 3-181　V-Ray 选项卡

（2）打开【全局开关】卷展栏，设置参数如图 3-182 所示。

（3）在【图像采样器（抗锯齿）】卷展栏中，设置参数如图 3-183 所示。

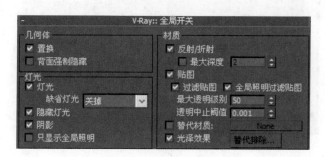

图 3-182　设置全局参数

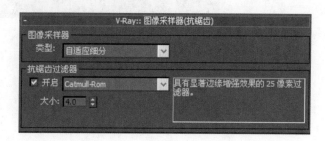

图 3-183　设置图像采样器

（4）打开【环境】卷展栏，在【全局照明环境（天光）覆盖】区域激活【天光强度】复选框，如图 3-184 所示。

（5）打开【颜色映射】卷展栏，设置颜色映射区域中的【类型】为"VR_指数"方式，如图 3-185 所示。

图 3-184　设置天光强度

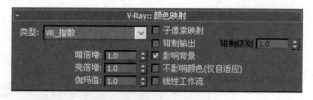

图 3-185　设置颜色映射

（6）打开【渲染设置】对话框，进入【间接照明】选项卡，打开【间接照明】卷展栏，在【首次反弹】选项组中设置全局光引擎为【发光贴图】，在【二次反弹】选项组中设置【全局光引擎】为【灯光缓存】，如图 3-186 所示。

（7）打开【发光贴图】卷展栏，在【内建预置】选项组中设置发光贴图参数，如图 3-187 所示。

（8）进入【灯光缓存】卷展栏，在【计算参数】选项组中设置【细分】值为"1000"，如图 3-188 所示。

（9）在【DMC 采样器】卷展栏中设置参数，如图 3-189 所示。

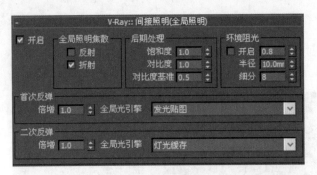

图 3-186　设置间接照明

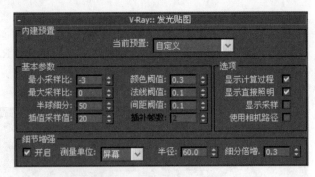

图 3-187　设置发光贴图

图 3-188　设置灯光缓存

图 3-189　设置 DMC 采样器

(10)设置保存发光贴图,在【发光贴图】卷展栏中,勾选在渲染结束后选项组中的【不删除】和【自动保存】复选框,单击【自动保存】后面的【浏览】按钮,弹出【自动保存发光图】对话框,在该对话框中输入要保存的文件名,保存并选择保存的路径,如图 3-190 所示。

图 3-190　自动保存发光图

(11)设置保存灯光缓存,在【灯光缓存】卷展栏中,勾选在渲染结束后选项组中的【不删除】和【自动保存】复选框,单击【自动保存】后面的【浏览】按钮,弹出【自动保存灯光贴图】对话框,在对话框中输入要保存的文件名,保存并选择保存的路径,如图 3-191 所示。

图 3-191　自动保存灯光贴图

(12)按【F9】键对摄影机视图 01 进行渲染,效果如图 3-192 所示,VRay 渲染器正在进行发光贴图的计算。这次设置了较高的渲染采样参数,渲染时间也增加了。

（13）最终渲染效果如图 3-193 所示。

图 3-192　渲染发光贴图

图 3-193　最终渲染效果

四、最终渲染

（1）当发光贴图计算及其渲染完成后,在渲染场景对话框的【公用】选项卡设置最终渲染图像尺寸,如图 3-194 所示。

（2）拾取发光贴图。单击【浏览】按钮,在弹出的【选择发光贴图】文件对话框中选择保存好的发光贴图,如图 3-195 所示单击【打开】按钮。

图 3-194　设置最终渲染图像尺寸

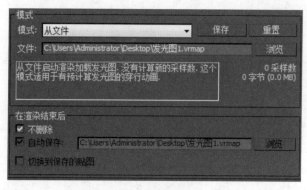
图 3-195　打开发光贴图

（3）在【灯光缓存】卷展栏中进行同样的拾取操作,如图 3-196 所示。

图 3-196　打开灯光图

（4）渲染完成后,在"Camera01"窗口中单击【保存】按钮,在弹出的【浏览器图像供输出】对话框中输入位图名称"卧室",选择输出位图的类型为"Jpeg 图像文件",单击【保存】按钮,然后在弹出的【jpeg 图像控制】对话框中单击

【确定】按钮,最终渲染完成的效果如图 3-197 所示。

图 3-197　最终渲染完成效果

模块九　后期处理

由于材质、灯光设置、背景图片等方面的因素,渲染出来的卧室效果图可能不尽如人意,需要对卧室效果图进行色彩、亮度和对比度等方面的调整。

(1) 运行 Photoshop CS5 软件,打开保存的卧室位图,如图 3-198 所示。

(2) 调整效果图的亮度和对比度。选择工具栏上【图像】中的【调整】中的【亮度/对比度】命令,调整效果图的亮度和对比度,如图 3-199 所示。

图 3-198　运行 Photoshop CS5 软件

图 3-199　调整效果图的亮度及对比度

(3) 为了使画面更加鲜艳,可以选择工具栏上【图像】中的【调整】中的【色相/饱和度】命令,调整画面的饱和度和明暗度,如图 3-200 所示。

(4) 为了使图片更加清晰,选择【滤镜】中的【锐化】中的【USM 锐化】命令,设置【数量】为"34",其他参数保持不变。对位图进行适当的"锐化"处理,如图 3-201 所示。

(5) 完成图像的调整,然后将文件存盘,如图 3-202 所示。至此本示例操作完成。

图 3-200　调整效果图的色相及饱和度

图 3-201　对效果图进行"USM 锐化"处理

图 3-202　最终效果

Max Shinei Sheji he Jingguan Sheji Xiaoguotu Xiangmushi Jiaoxue Shixun Jiaocheng

项目训练四

茶室效果图制作

中国的茶文化源远流长,如果从神农尝百草算起,已有四五千年的历史了。中国是茶的故乡,也是茶室的滥觞地。中国茶室经过不断完善和发展,到现在已是蔚然大观了。

茶室是茶文化里重要的一部分。茶室作为茶文化的载体,具有脱俗的特征,所谓茶禅一味。但现在的茶室不像以前的茶室功能那样单一,只是人们理解中的喝喝茶、谈谈心而已,现在茶室集供饮、赏景、棋牌等休闲于一体,有的茶室还设有茶艺表演、陶艺制作等内容,当然也有集餐饮于一体的茶室。

第一部分
茶室效果图目标任务及活动设计

一、教学目标

最终目标:

运用 3ds Max 2012 建模工具及 VRay 渲染器制作茶室效果图。

促成目标:

(1) 熟练应用 3ds Max 2012 软件的基本操作;

(2) 运用 VRay 材质编辑茶室的各类材质;

(3) 在茶室室内场景中运用 VRay 灯光、光度学灯光等;

(4) 运用 VRay 渲染器设置及渲染输出茶室效果图。

二、工作任务

(1) 在 3ds Max 2012 建模命令基础上,能制作茶室模型。

(2) 掌握 VRay 材质与 VRay 贴图的使用方法。

(3) 通过茶室灯光的布置及渲染的设置来掌握效果图的制作方法。

三、活动设计

1. 活动思路

以一张茶室效果图作为载体,通过教师示范教学,让学生掌握运用 3ds Max 中的建模工具中的单面建模的方法制作茶室的墙体,运用建模工具创建墙体、吊顶、室内家具等,学习使用 VRay 材质编辑器制作茶室的墙体材质、吊顶材质、木地板材质等,使用 VRay 灯光及光度学灯光模拟茶室夜景效果制作流程来组织活动。

2. 活动组织

活动组织的相关内容见表 4-1。

表 4-1　活动组织的相关内容

序号	活动项目	具体实施	课时	课程资源
1	建模工具讲解	运用 3ds Max 建模工具制作茶室模型	20	图形工作站,3ds Max 软件、模型库等
2	VRay 材质的制作编辑	对 VRay 材质的制作进行讲解、示范	10	图形工作站,3ds Max 软件、材质库等
3	VRay 灯光设置	对茶室灯光进行讲解,并进行示范操作	10	图形工作站,3ds Max 软件、光域网文件等
4	渲染出图	对 VRay 渲染器讲解,用 VRay 渲染器渲染出茶室效果图	8	图形工作站,3ds Max 软件

四、活动评价

活动评价见表 4-2。

表 4-2　活 动 评 价

评价等级	评 价 标 准
优秀	掌握了茶室效果图制作步骤与方法,模型制作精细,材质、灯光处理效果真实,模型透视关系好
合格	掌握了茶室效果图制作步骤与方法,有一定模型制作的能力,材质、灯光处理效果一般
不合格	熟悉了茶室效果图制作步骤与方法,模型的制作能力差,材质、灯光处理效果差

第二部分
茶室效果图项目内容

模块一　设置单位及导入平面图

一、设置单位

在绘制效果图之前,需要将 3ds Max 2012 软件中的单位设置成为"毫米"。选择菜单栏上的【自定义】菜单,单击【单位设置】命令,在弹出的【单位设置】对话框中选择"公制"选项下的"毫米",单击【系统单位】按钮,在弹出的【系统单位设置】对话框中选择【系统单位比例】选项下的"毫米",设置完成后单击【确定】按钮关闭对话框,如图 4-1 所示。

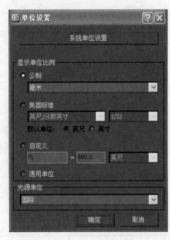

图 4-1　设置单位

二、导入 CAD 平面图

建模时,为了使创建的茶室模型尺寸正确,经常采用将 AutoCAD 中绘制的室内平面施工图导入到 3ds Max 中作为绘制墙体图形参考的方法进行墙体绘制。创建方法如下。

打开导入工具➡,选择【导入】命令,在弹出的【将外部文件格式导入到 3ds Max 中】对话框中,将下方的文件类型改为"原有的 AutoCAD",选择配套光盘中的【项目训练四】目录下的【平面图 dwg】文件,单击【打开】按钮,在弹出的【DWG 导入】对话框中选择"合并对象与当前场景",单击【确定】按钮,在弹出的【导入 AutoCAD DWG 文件】对话框中直接单击【确定】按钮,如图 4-2 所示。

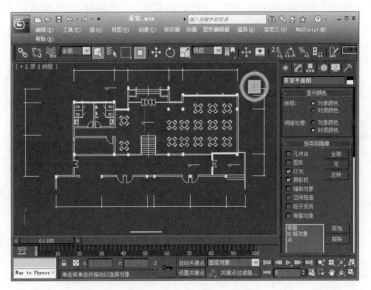

图 4-2 导入 CAD 平面图

模块二 创建茶室室内框架

先用导入的茶室平面施工图形创建出墙体的基本外形,再创建出窗户,最后创建窗帘、柜子等室内物件,其效果图如图 4-3 所示。

图 4-3 茶室建模图

一、创建墙体

(1)选择导入的平面图,单击【组】菜单,选择【成组】命令,把 CAD 平面图成组,并命名为"平面施工图"。选择"平面施工图"并单击鼠标右键,在弹出的菜单中选择【冻结当前选择】命令,把平面图暂时冻结起来,以免误操作,如图 4-4 所示。

(2)设置捕捉方式,在【捕捉开关】 ![图标] 上面单击鼠标右键,打开【栅格和捕捉设置】对话框,勾选【顶点】捕捉方式,切换到选项面板,勾选"捕捉到冻结对象",关闭对话框,如图 4-5 所示。

(3)进入【创建面板】中的【图形面板】,单击【线】按钮,在顶视图中参照茶室 CAD 平面图内轮廓绘制一条开放的曲线,命名为"墙体",如图 4-6 所示。

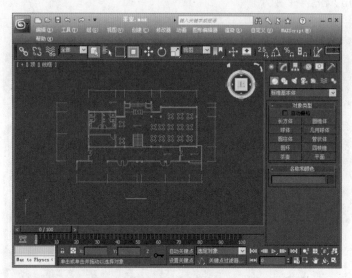

图 4-4　导入茶室平面图

图 4-5　栅格和捕捉设置

注意:CAD平面图上有窗户或门的地方,都必须画点,封闭样条线以后创建窗户或门。这样绘制的门或窗户会更准确。

(4) 选择墙体线,进入【修改面板】,打开名称下方【修改器列表】右边的下拉菜单,在【修改器列表】中选择【挤出】修改器,进入【挤出】修改器后,将挤出的数量设置为"2900 mm",这是墙体的高度,如图 4-7 所示。这样就完成了墙体轮廓的创建工作。

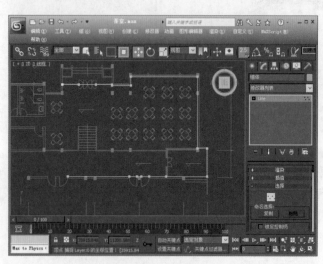

图 4-6　绘制墙线

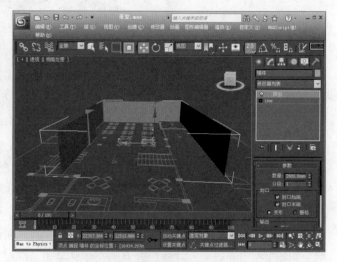

图 4-7　设置墙体挤出参数

(5) 用同样的方法制作"墙体 2""墙体 3",如图 4-8 所示。

(6) 在顶视图中,进入【创建面板】,单击【线】按钮,沿墙体绘制一条封闭的曲线,挤出"1 mm",命名为"地面",同时复制"地面"物体,移动到顶部,重新命名为"顶",完成后的效果如图 4-9 所示。

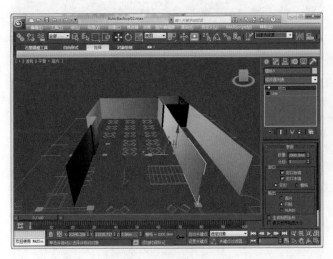

图 4-8　制作墙体 2 和墙体 3　　　　　　　　　　　图 4-9　制作顶

(7) 单击【创建面板】中的【摄影机/目标】按钮,在顶视图中创建一架目标摄影机,调整它在视图中的位置,如图 4-10 所示。

(8) 激活透视图,按下【C】键,将其转换为摄影机视图,效果如图 4-11 所示。

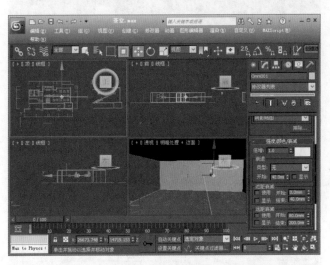
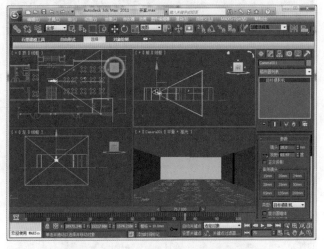

图 4-10　创建摄影机　　　　　　　　　　　图 4-11　转换到摄影机视图

(9) 选中目标摄影机,单击菜单中的【应用摄影机校正修改器】命令,校正摄影机,如图 4-12 所示。

(10) 选择墙体 1,单击鼠标右键,在弹出的菜单中选择【转换为】中的【转换为可编辑多边形】命令,将物体转换为可编辑多边形,如图 4-13 所示。

(11) 在透视图左上角单击【真实】菜单,选择【线框】命令,将物体转换为线框显示模式,如图 4-14 所示。

二、创建茶室左墙窗洞

(1) 选择墙体,在【修改面板】中单击可编辑多边形左边的"+"号,激活【边】子对象,按下【Ctrl】键,在透视图中同时选中如图 4-15 所示的两条边,被选中的边呈红色显示。

(2) 在编辑【边】卷展栏下单击选择【连接按钮】后面的【设置】按钮 ▣ ,创建两条连接边,如图 4-16 所示。

(3) 调整窗户的底边高度,使其符合窗户的高度。进入【边】子对象层级,选择从窗户底边往上的第二条直线,如图 4-17 所示。

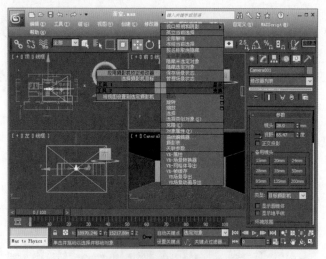

图 4-12　校正摄影机

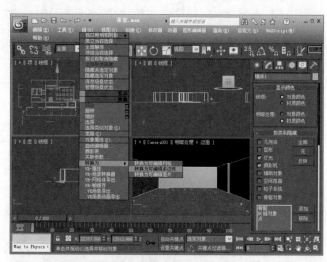

图 4-13　转换多边形

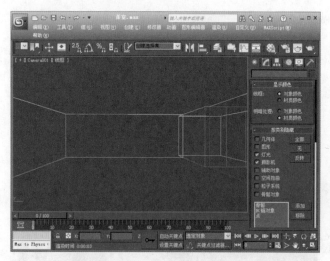

图 4-14　显示线框模式

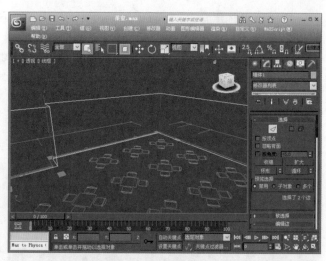

图 4-15　选择边

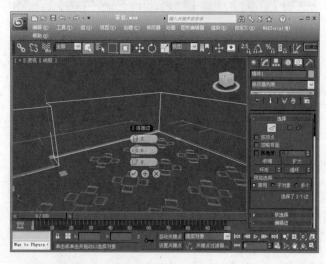

图 4-16　连接两条边

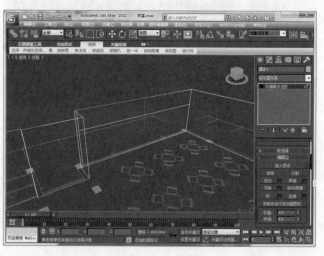

图 4-17　选择窗户的底边高度

（4）在【选择并移动】按钮上单击鼠标右键,在弹出的【移动变换输入】对话框中将 Z 轴的数值修改为"200 mm",将边移动至 Z 轴"200 mm"处,这是窗户的底边高度,如图 4-18 所示。

（5）调整窗户的上边高度,使其符合窗户的上边。进入【边】子对象层级,选择从窗户底边往上的第三条直线,如图 4-19 所示。

图 4-18　移动窗户的底边高度

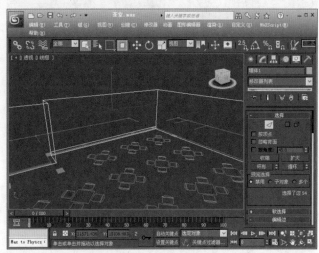

图 4-19　选择窗户的上边高度

（6）在【选择并移动】按钮上单击鼠标右键,在弹出的【移动变换输入】对话框中将 Z 轴的数值修改为"2650 mm",将边移至 Z 轴"2650 mm"处,这是窗户的上边高度,如图 4-20 所示。

（7）进入【多边形】子对象层级,在透视图中选择分割出来的多边形,如图 4-21 所示。

图 4-20　移动窗户的上边高度

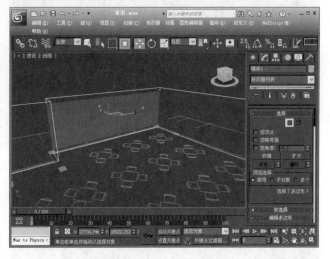

图 4-21　选择多边形

（8）鼠标右键单击刚分割出来的多边形,在弹出的快捷菜单中,选择【挤出】后面的【设置】按钮,如图 4-22 所示。

（9）在弹出的对话框中设置挤出类型为"按多边形",挤出数量为"－200 mm",参数如图 4-23 所示。

（10）在【多边形】层级下选择【分离】按钮,弹出【分离】对话框,在【分离为】后面的名称框里命名为"窗格"。按【确定】按钮,分离出玻璃造型,如图 4-24 所示。

（11）选择"窗格"造型,在【修改面板】中单击【可编辑多边形】左边的"＋"号,激活【边】子对象,按下【Ctrl】键,在透视图中同时选中如图 4-25 所示的上下两条边,被选中的边呈红色显示。

（12）在编辑【边】卷展栏下单击选择【连接】按钮后面的【设置】按钮,创建两条连接边,如图 4-26 所示。

（13）进入【多边形】子对象层级,在透视图中选择三个多边形,如图 4-27 所示。

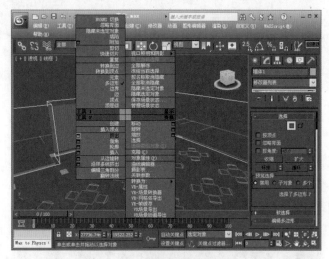

图 4-22　选择挤出快捷菜单

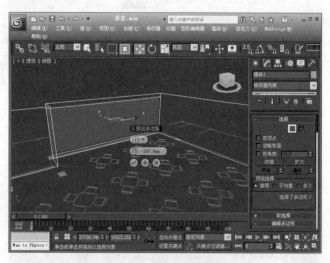

图 4-23　设置挤出参数

图 4-24　分离窗格

图 4-25　选择两条边

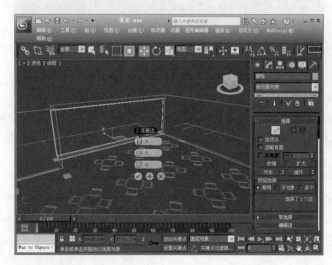

图 4-26　连接边

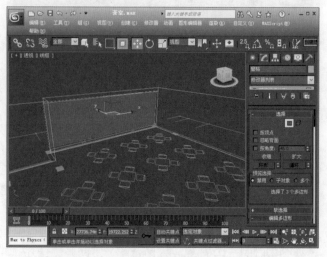

图 4-27　选择多边形

（14）在视图中单击鼠标右键,在弹出的快捷菜单中选择【插入】左侧的【设置】按钮 ，在弹出的【插入】对话框中选择插入的类型为"按多边形",输入插入的数量为"80 mm",如图 4-28 所示。

（15）在视图中单击鼠标右键,在弹出的快捷菜单中选择【挤出】左侧的【设置】按钮 ，在弹出的【挤出】对话框中选择挤出的类型为"按多边形",输入挤出的数量为"－50 mm",如图 4-29 所示。

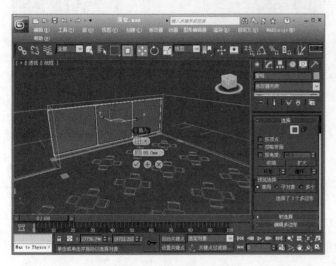

图 4-28　设置插入数量

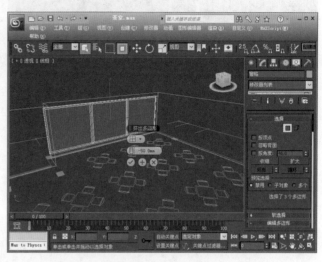

图 4-29　设置挤出数量

（16）接着按【Delete】键删除选中的多边形子对象,结果如图 4-30 所示。

（17）单击【创建面板】,单击【平面】按钮,打开【2.5 维捕捉】按钮,选择【顶点】捕捉,在前视图中创建一个【长度】为"2290 mm"、【宽度】为"7645 mm"、【长度分段】为"1"和【高度分段】为"1"的平面,将平面命名为"玻璃",如图 4-31 所示。

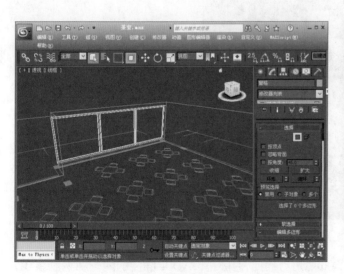

图 4-30　删除多边形

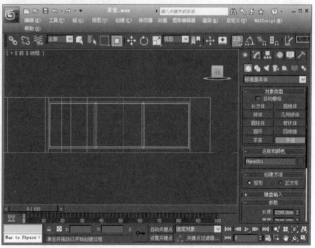

图 4-31　创建玻璃

（18）在前视图中把玻璃移动到窗格子中部,然后整体将窗格和玻璃移动到窗洞中间,如图 4-32 所示。

（19）用同样的方法创建右墙的窗洞及窗户,如图 4-33 所示。

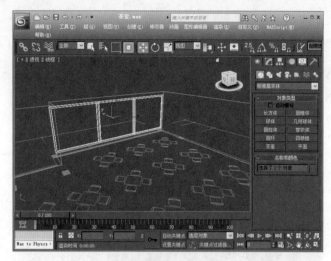

图 4-32　调整窗帘的位置

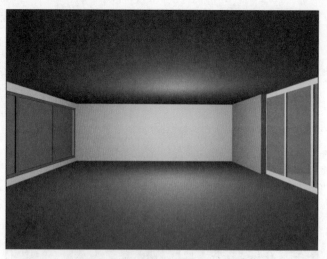

图 4-33　右墙窗户效果

模块三　创建茶室吊顶

本模块中,茶室的整体风格为现代风格,所以吊顶的模型在简单中体现了大方、精简的效果。

一、创建顶部造型

(1) 选择【2.5 维捕捉】开关,右键单击捕捉开关,在【栅格和捕捉设置】对话框中选择【顶点】,如图 4-34 所示。

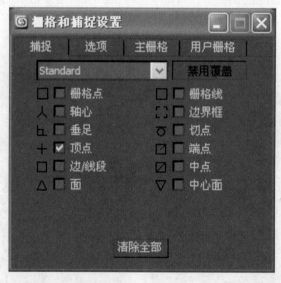

图 4-34　设置顶点捕捉

　(2) 打开【图形面板】,单击【线】按钮,利用捕捉工具对顶点进行捕捉,沿卧室 CAD 平面图的内轮廓绘制直线,如图 4-35 所示。

　(3) 打开【修改面板】,进入【样条线】子对象层级,设置样条线的【轮廓】值为"－1000 mm",制作出样条线的内轮廓,如图 4-36 所示。

　(4) 在【修改面板】的【修改器列表】中选择【挤出】命令,在【参数】卷展栏中设置挤出的数量为"300 mm",将挤出生成的造型命名为"吊顶 1",位置如图 4-37 所示。

　(5) 在前视图中右击【选择并移动】工具 ,在弹出的【移动变换输入】对话框中的【绝对:世界】选项下 Z 轴输入框中输入"2600 mm",如图 4-38 所示。

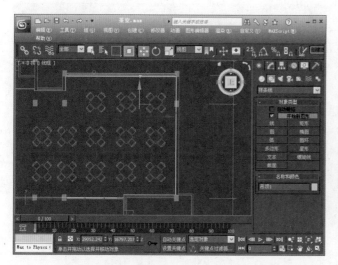

图 4-35　绘制吊顶线

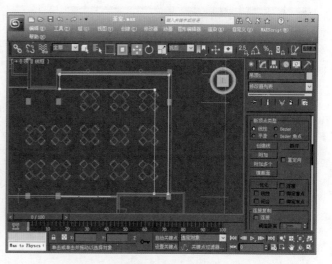

图 4-36　设置轮廓值

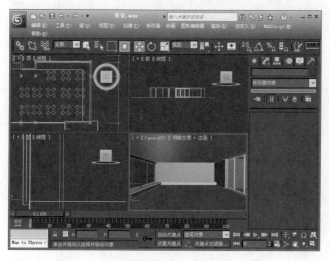

图 4-37　设置挤出值

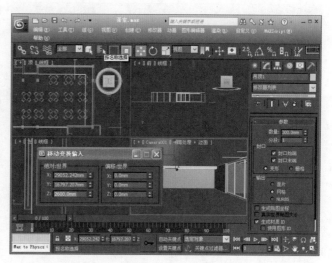

图 4-38　移动吊顶

（6）打开【图形面板】，单击【矩形】按钮，利用捕捉工具对顶点进行捕捉，沿卧室 CAD 平面图的内轮廓绘制矩形，长度为"4500 mm"、宽度为"9500 mm"，如图 4-39 所示。

（7）在顶视图中创建半径为"600 mm"的圆，利用【对齐】按钮，将圆对齐的大矩形的中心，然后复制三个圆，如图 4-40 所示。

（8）在顶视图中选择矩形，在【修改面板】的【修改器列表】中选择【编辑样条线】命令，然后在【几何体】卷展栏中单击【附加】按钮，在视图中拾取四个圆，将绘制的圆附加在一起，如图 4-41 所示。

（9）在【修改面板】的【修改器列表】中选择【挤出】命令，在【参数】卷展栏中设置挤出的数量为"100 mm"，将挤出生成的造型命名为"吊顶2"，位置如图 4-42 所示。

（10）在前视图中右键单击【选择并移动】工具，在弹出的【移动变换输入】对话框中的【绝对：世界】选项下Z 轴输入框中输入"2800 mm"，如图 4-43 所示。

（11）在【创建面板】中，单击【几何体】按钮，再单击【长方体】按钮，在顶视图中创建一个长度为"2800 mm"、宽度为"400 mm"、高度为"80 mm"的长方体，选用【选择并移动】工具将长方体移到顶的位置，将其命名为"吊顶3"，如图 4-44 所示。

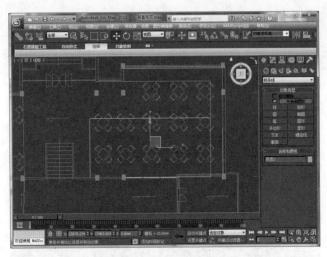

图 4-39　创建矩形

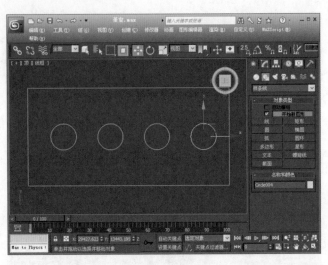

图 4-40　创建并复制圆

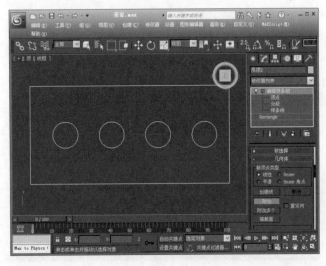

图 4-41　附加物体

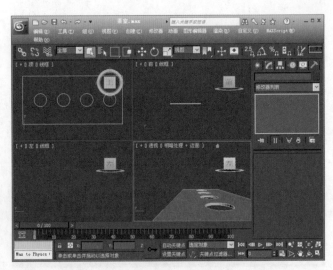

图 4-42　设置挤出参数

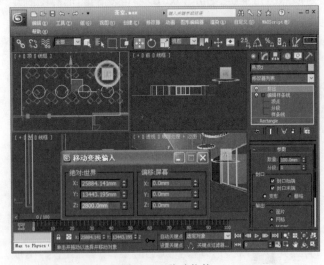

图 4-43　移动物体

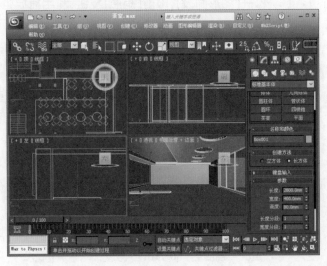

图 4-44　创建吊顶 3

（12）选择"吊顶3"，按住【Shift】键，在顶视图中沿 X 轴拖动,在弹出的【克隆选项】对话框中的【副本数】设置为"10"，这样就将物体复制出 10 个复制体,如图 4-45 所示。

二、制作筒灯

（1）在【创建面板】中单击【管状体】按钮,在顶视图中创建一个半径 1 为"60 mm"、半径 2 为"50 mm"和高度为"45 mm"的管状体,命名为"灯罩",如图 4-46 所示。

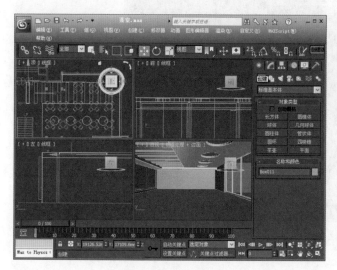

图 4-45　复制物体

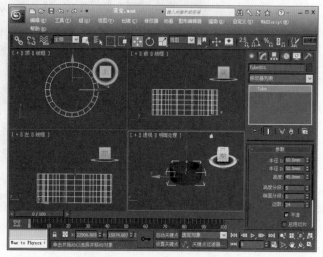

图 4-46　创建灯罩

（2）单击【圆柱体】按钮,在顶视图中创建一个半径为"52 mm"、高度为"35 mm"的圆柱体,命名为"灯泡",并将其移动到"灯罩"的中心,如图 4-47 所示。

（3）选择"灯罩"和"灯泡"进行成组,命名为"筒灯",并复制出 3 个组,将它们移动到吊顶上,调整后的位置如图 4-48 所示。

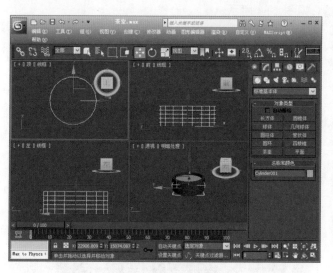

图 4-47　创建灯泡

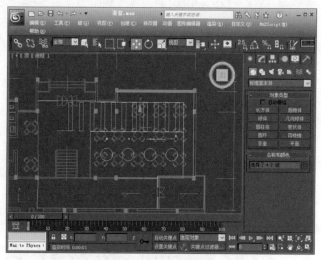

图 4-48　复制筒灯

（4）再选择"筒灯",复制出另外几个组,将它们移到左"吊顶3"的位置下方,调整的位置如图 4-49 所示。

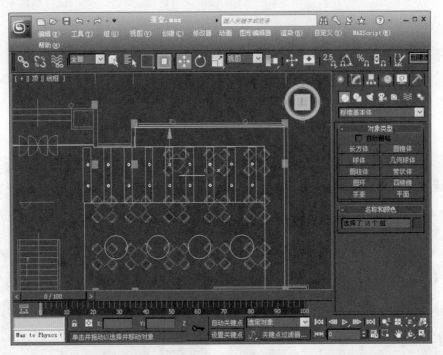

图 4-49　复制筒灯

模块四　创建窗箱和窗帘

(1) 在顶视图中创建一个长度为"15 mm"、宽度为"7800 mm"、高度为"350 mm"的长方体,在左视图和前视图中选用移动工具调整其位置,将其命名为"窗箱",如图 4-50 所示。

(2) 在顶视图中绘制一条长约"1200 mm"的曲线,命名为"窗帘",进入【修改面板】,进入【样条线层级】子对象层级,设置样条线的【轮廓】值为"1",制作出样条线的内轮廓,如图 4-51 所示。

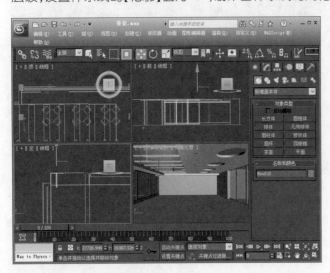

图 4-50　制作窗箱

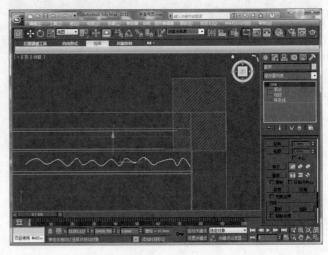

图 4-51　制作窗帘

(3) 进入【挤出】修改器,设置【挤出】的数量为"2550 mm",调整后模型的位置如图 4-52 所示。

(4) 将"窗帘"移动复制 2 个,命名为"窗帘 2""窗帘 3",如图 4-53 所示。

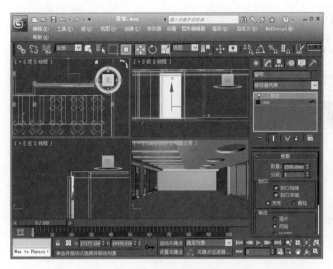
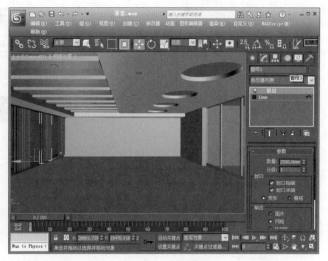

图 4-52　设置挤出参数　　　　　　　　　　　　图 4-53　复制窗帘

模块五　导入茶室室内模型，丰富空间

完成了茶室框架的建模工作，接下来可以进行各种客厅室内物品的导入工作。本模块中主要调入吊灯、组合柜和茶桌等模型。调入家具模型后的效果如图 4-54 所示。

图 4-54　合并家具后的效果

（1）合并家具。单击菜单栏左端的 Ⓢ 按钮，选择【导入】→【合并】命令，在弹出的【合并文件】对话框中，打开随书光盘中的【项目实训四】目录下【3D 模型】下的【茶室吊灯模型. max】文件，如图 4-55 所示。

（2）在弹出【合并-茶室吊灯模型. max】的对话框中，取消"灯光"和"摄影机"的显示，然后单击按钮 **全部(A)**，选中所有的模型部分，将它们合并到场景中来，如图 4-56 所示。

（3）在顶视图和前视图中选择合并的"茶室吊灯"，调整好位置，并复制三个吊灯，如图 4-57 所示。

（4）用同样的方法合并茶室柜。选择【导入】中的【合并】命令，在弹出的【合并文件】对话框中，打开随书光盘中的【项目实训四】目录下的【3D 模型】下的【茶室柜. max】文件，选择全部文件，按【确定】按钮，将电视柜组合合并到客厅场景中，如图 4-58 所示。

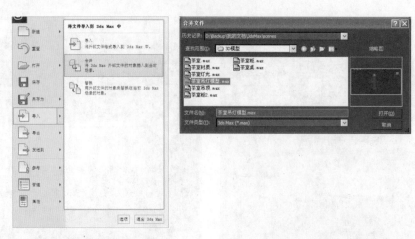

图 4-55　合并文件对话框

图 4-56　合并/茶室吊灯模型对话框

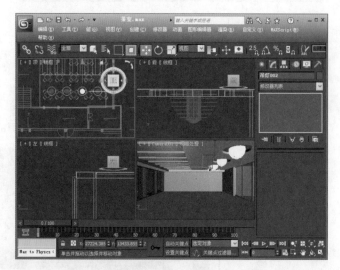

图 4-57　合并吊灯

(5) 打开随书光盘中的【项目实训四】目录下的【3D 模型】下的【茶室桌. max】文件,将"茶室桌"物体合并到茶室场景中,复制 3 份,如图 4-59 所示。

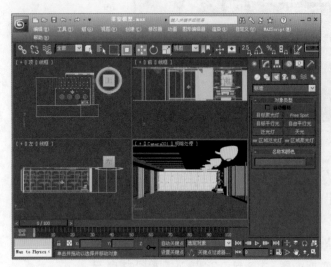

图 4-58　合并茶室柜

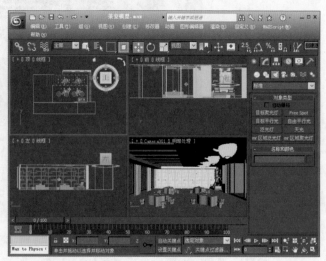

图 4-59　合并茶室桌

模块六　设置茶室材质

本模块所表现的是现代风格的茶室,以暖色调为主,体现大方、优雅的风格,实木木纹饰背景墙和深色地板,增添了一丝轻松的感觉,如图 4-60 所示。

图 4-60　茶室效果

一、设置渲染器

完成了茶室场景的创建,接着就要进行材质的设置,在设置 VRay 材质之前,要将渲染器更改为 VRay 渲染器,并对 VRay 渲染器进行设置,然后进行 VRay 材质的设置,设置完成后再进行渲染。

(1) 单击【渲染设置对话框】按钮,在弹出的【渲染场景:默认扫描线渲染器】对话框中的【公用面板】下打开【指定渲染器】卷展栏,单击【产品级:默认扫描线渲染器】右边的按钮,在弹出的【选择渲染器】对话框中选择【V-Ray Adv 2.10.01】渲染器,单击【确定】完成渲染器的更改,如图 4-61 所示。

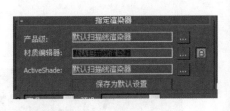

图 4-61　设置 VRay 渲染器

(2) 按【F10】键打开【渲染设置】对话框,进入【V-Ray】面板,打开的【V-Ray:全局开关】卷展栏,设置全局参数,把默认灯光复选框设置为"关掉",如图 4-62 所示。

(3) 打开【V-Ray:图像采样器(反锯齿)】卷展栏,为了提高渲染速度,可以将【图像采样器】的【类型】设置为【固定】方式,并取消【抗锯齿过滤】选项,如图 4-63 所示。

(4)进入【间接照明】面板,打开【V-Ray:间接照明(GI)】卷展栏,勾选【开启】,然后设置【首次反弹:全局照明引擎】为【发光图】,【二次反弹:全局照明引擎】为【灯光缓存】,使场景接受全局间接照明,如图 4-64 所示。

(5)在【V-Ray:发光图(无名)】卷展栏中,设置发光图参数,如图 4-65 所示。【V-Ray:发光图(无名)】卷展栏可以调节发光图的各项参数,该卷展栏只有在发光图被指定为当前初级漫射反弹引擎的时候才能被激活。

(6)在【V-Ray:灯光缓存】卷展栏中,设置【计算参数】,如图 4-66 所示。

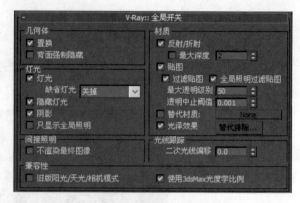

图 4-62 设置全局开关参数

(7)进入【VR 基项】面板,打开【V-Ray:环境】卷展览,在【全局照明环境(天光)覆盖】区域,勾选"开"复选框开启环境,如图 4-67 所示。

(8)在【V-Ray:颜色贴图】卷展栏中,设置颜色贴图区域中的【类型】为"指数"方式,如图 4-68 所示。

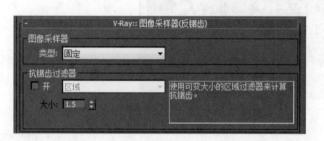

图 4-63 设置图像采样器参数

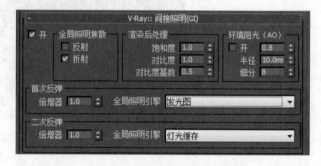

图 4-64 设置间接照明参数

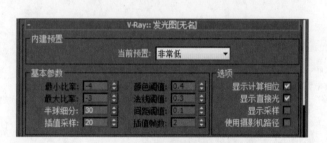

图 4-65 设置发光图参数

图 4-66 设置灯光缓存参数对话框

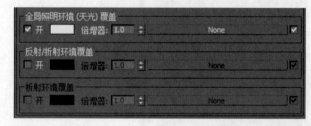

图 4-67 设置环境参数

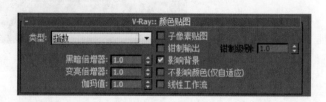

图 4-68 设置颜色贴图参数

(9)基本参数设置完成后,按【F9】键开始渲染,效果如图 4-69 所示。

二、设置材质

(1)设置墙体材质,选择一个材质球,将材质的名称修改为"乳胶漆",在【漫反射】通道设置颜色为:(R:251,G:250,B:250),在【反射】通道设置颜色为:(R10,G:10,B:10),设置高光光泽度为"0.25",设置细分为"15",目的是得到更好的采样效果,如图 4-70 所示。

图 4-69　渲染效果

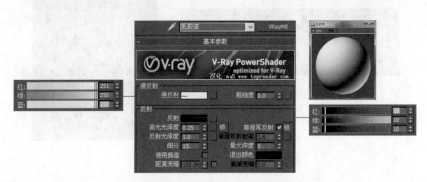

图 4-70　设置乳胶漆材质参数

（2）在【选项】卷展栏中，关闭跟踪反射，不关闭跟踪反射，墙面会有反射，如图 4-71 所示。

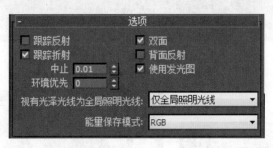

图 4-71　设置选项参数

（3）在视图中选中"墙体 1""墙体 2""吊顶 1""吊顶 2""顶"，单击【将材质指定给选定对象】按钮 ，将乳胶漆材质赋予选择的模型，如图 4-72 所示。

（4）打开【材质编辑器】，选择一个材质球，将材质的名称修改为"地板"，如图 4-73 所示。

（5）在【材质编辑器】中，将其指定为 VRay 材质类型，单击漫反射后的按钮 ，在弹出的【材质/贴图浏览器】对话框中选择【标准贴图】下的位图参数下的【位图】，在弹出的【选择位图文件】对话框中选择配套光盘下【项目训练四】目录下的【木地板 4.jpg】图片文件，如图 4-74 所示。

（6）单击【反射】后面的按钮，在【材质/贴图浏览器】对话框中选择【衰减贴图】，如图 4-75 所示。

（7）在【衰减】卷展栏下设置参数，设置衰减类型为【Fresnel】，如图 4-76 所示。

图 4-72　材质赋予物体后的效果

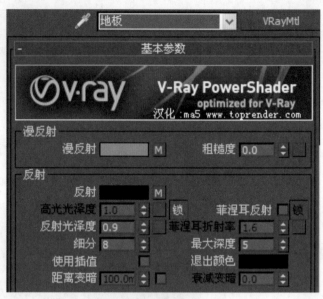

图 4-73　木地板材质参数

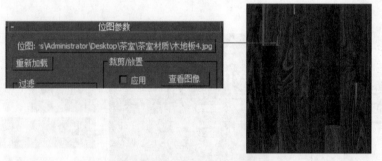

图 4-74　设置木地板位图参数

图 4-75　选择衰减贴图

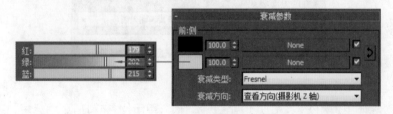

图 4-76　设置衰减参数

　　(8) 单击转为父对象按钮,返回父级。在【贴图】卷展栏下设置【反射】参数为"30",并将漫反射贴图拖动复制到凹凸贴图通道中,设置参数,如图 4-77 所示。

　　(9) 在摄影机视图中选择"地面",然后打开【修改面板】,进入【多边形】子对象层级,单击【将材质指定给选定对象】按钮 ,将地板材质赋予选择的模型,为其添加【UVW Map】修改命令,设置参数如图 4-78 所示。

　　(10) 打开【材质编辑器】,选择一个材质球,将材质的名称修改为"木纹",将其指定为 VRayMtl 材质类型,设置其参数,如图 4-79 所示。

图 4-77　设置凹凸贴图参数

图 4-78　设置地板 UVW Map 参数及设置后的效果图

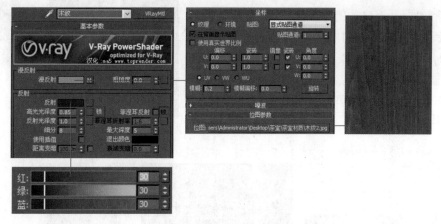

图 4-79　设置木纹材质参数

　　(11) 在摄影机视图中选择"柜",单击【将材质指定给选定对象】按钮 ,将木纹材质赋予选择的模型,为其添加【UVW Map】修改命令,设置参数如图 4-80 所示。

　　(12) 单击工具栏上的【材质编辑器】按钮,打开【材质编辑器】对话框,选择一个空白的材质球,将材质命名为"红木",打开【Standard】按钮,选择 VRay 材质,然后单击【漫反射】右边的空白按钮 ,在弹出的【材质/贴图浏览器】对话框中双击位图,在弹出的【选择位图文件】对话框中选择配套光盘下【项目训练四】目录下的【红木】图片文件,单击【打开】按钮,设置【反射】通道颜色为(R:40,G:40,B:40),设置【高光光泽度】为"0.8",勾选【菲涅耳反射】,如图 4-81 所示。

图 4-80　设置柜 UVW Map 参数及设置后的效果图

图 4-81　设置红木材质参数

（13）然后将设置好的"红木"材质指定给"茶桌"物体。

（14）在视图中选中"茶桌 1""茶桌 2""茶桌 3"等模型，单击【将材质指定给选定对象】按钮，将红木材质赋予选择的模型，为其添加【UVW Map】修改命令，设置参数如图 4-82所示。

（15）选择一个材质球，将材质的名称修改为"窗格"，在材质编辑器的中，将其指定为 VRay 材质类型，设置漫反射为"白色"（R:192,G:202,B:196）、反射（R:186,G:186,B:186）、勾选【菲涅耳反射】，设置【高光光泽度】为"0.63"、【反射光泽度】为"0.5"、【细分】值为"15"，然后打开【BRDF-双向反射分布功能】对话框，设置【各向异性（−1,1）】为"−0.4"，【旋转】为"85"，如图 4-83 所示。

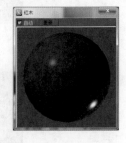

图 4-82　设置茶桌 UVW Map 参数

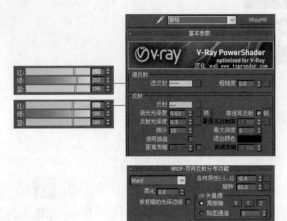

图 4-83　设置窗格材质参数

（16）选择一个材质球，将材质的名称修改为"玻璃"，在材质编辑器中，将其指定为 VRay 材质类型，设置【漫反射】通道的颜色为"白色",设置【反射】通道的颜色为"白色",让材质完全反射,勾选【菲涅耳反射】,设置【折射】通道的颜色为"白色",表示材质完全透明,设置【折射率】为"1.5",这是玻璃的折射率,设置完成的玻璃材质球效果如图4-84所示。

图 4-84   设置玻璃材质参数及设置完成玻璃材质效果图

(17) 选择一个材质球,将材质的名称修改为"窗帘",在材质编辑器中,将其指定为 VRayMtl 材质类型,设置【漫反射】通道的颜色为(R:96,G:55,B:57),在折射通道中添加混合贴图,设置第一个通道为衰减,并设置衰减类型为垂直/平行;第二个通道中同样设置一个衰减;在最后的混合量通道中设置一张贴图,并相应调节曲线;返回到父材质,勾选【影响阴影】,设置【折射率】为"1",同时设置材质【细分】值为"15",如图4-85所示。

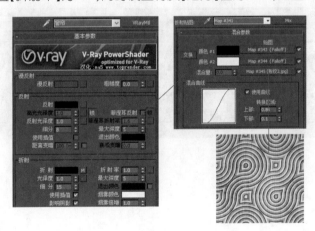

图 4-85   贴图参数设置

(18) 设置完成的窗帘材质球效果如图4-86所示。

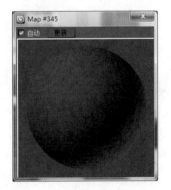

图 4-86   窗帘材质球效果

(19) 单击【创建面板】,然后在【几何体】图标下单击【平面】按钮,在前视图创建单面物体,并命名为"茶室外景",如图 4-87 所示。

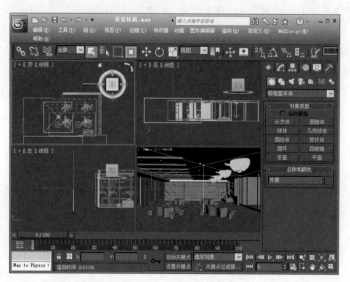

图 4-87　创建外景模型

(20)按【M】键,打开材质编辑器,选择一个球,将材质的名称修改为"外景",在材质编辑器的中,将其指定为标准材质类型,单击漫反射右侧的按钮,为其指定准备好的外景图片,如图 4-88 所示,单击 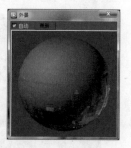 按钮,指定给外景物体。

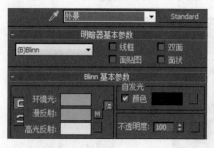

图 4-88　设置外景材质参数

模块七　创建灯光

3ds Max 2012 可模拟各种光影效果。VRay 灯光可以制作出真实的灯光效果,包括阳光、灯带、天光及室内的反射传播。同时,利用光度学灯光可以模拟出茶室的筒灯、射灯的灯光效果,如图 4-89 所示。

一、创建吊顶灯光

(1)在顶视图中创建一盏 VRay 灯光,并在前视图和左视图中将 VRay 灯光移到"吊顶"的位置上。调整 VRay 灯光的方向和位置,如图 4-90 所示。

(2)进入【修改面板】将灯光的名称修改为"吊顶灯",在【参数】卷展栏下设置灯光【强度:倍增器】的数值,设置灯光的【颜色】,设置选项的【类型】,如图 4-91 所示。

二、创建"吊顶"的筒灯

(1)在【灯光面板】中将"VRay"灯光切换为"光度学"灯光,在【光度学】灯光创建面板中,单击【目标灯光】按钮,在顶视图中创建一盏目标灯光,并在顶视图和前视图中调整灯光的位置,如图 4-92 所示。

(2)进入【修改面板】,修改灯光的名称为"筒灯 01",设置灯光的【阴影】类型和【灯光分布类型】,修改灯光的强度并载入光域网文件(光域网文件在选择配套光盘下【项目训练四】目录下的【筒灯】中),如图 4-93 所示。

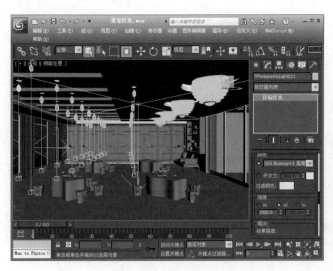

图 4-89　创建灯光的效果

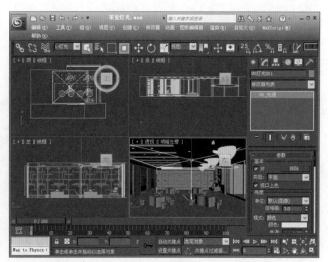

图 4-90　设置灯光的位置

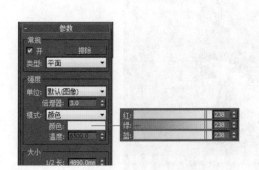

图 4-91　设置吊顶灯参数

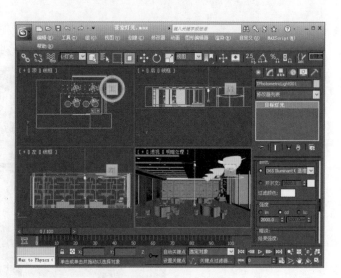

图 4-92　调整灯光的位置

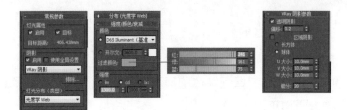

图 4-93　设置灯光参数

（3）选择移动复制的方法，在顶视图中复制出"筒灯"，如图 4-94 所示。

（4）单击工具栏上的【渲染】按钮，观察设置筒灯灯光后的渲染效果，如图 4-95 所示。

三、创建窗户灯光

（1）在前视图中创建一盏 VRay 灯光，命名为"夜光"，并在顶视图和左视图中将 VRay 灯光移到"窗户"的位置上。在顶视图、左视图中调整"夜光"的方向和位置，如图 4-96 所示。

（2）进入【修改面板】，在【参数】卷展栏下设置灯光【强度：倍增器】的数值，设置灯光的【颜色】，设置选项的【类型】，如图 4-97 所示。

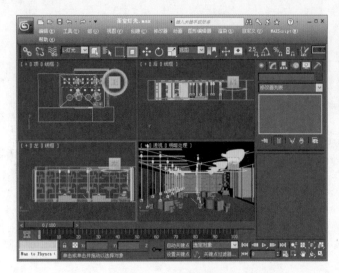

图 4-94　灯光的位置

图 4-95　渲染效果

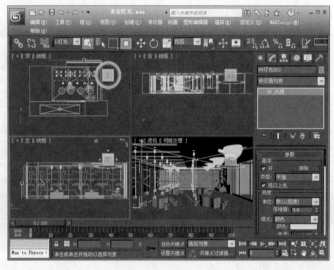

图 4-96　夜光的位置

四、设置"吊顶"的暗藏灯光

(1) 在顶视图中创建一个半径是"700 mm",高度为"80 mm"的圆柱体,单击鼠标右键,选择【转换为】中的【可编辑的多边形】命令,在【多边形】子层级下选择圆柱体的顶和底面将其删除。然后移动的圆顶的位置,为其设置VRay 灯光材质,设置参数如图 4-98 所示。

图 4-97　设置灯光参数

图 4-98　创建灯带灯光

（2）单击工具栏上的【渲染】按钮,观察设置暗藏灯光后的渲染效果,如图 4-99 所示。

图 4-99　渲染效果

模块八　渲染出图

材质赋予好了之后,VRay 灯光设置完成后,就可以进行渲染出图了。渲染完成的茶室效果如图 4-100 所示。完成渲染出图的操作有以下几个步骤。

图 4-100　客厅渲染效果图

一、设置输出大小

（1）选择菜单栏上的【渲染】中的【渲染设置】命令,在弹出的【渲染场景】对话框中,将【公用参数】卷展栏下【输出大小】选项设置【宽度】为"1600"、【高度】为"1200",然后单击【渲染】按钮,系统开始渲染图片,如图 4-101 所示。

（2）打开【全局开关】卷展栏,设置参数如图 4-102 所示。

（3）在【图像采样器】卷展栏中,设置参数如图 4-103 所示。

（4）打开【环境】卷展栏,在【全局照明环境（天光）覆盖】区域激活天光强度复选框,如图 4-104 所示。

（5）打开【颜色映射】卷展栏,设置颜色贴图区域中的类型为 VR_指数方式,如图 4-105 所示。

（6）打开【渲染设置】对话框,进入【间接照明】选项卡,打开【间接照明】卷展栏,在【二次反弹】选项组中设置【全

图 4-101　设置输出大小

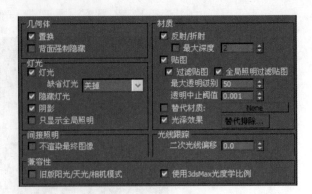

图 4-102　设置全局参数

图 4-103　设置图像采样器

图 4-104　设置天光强度

局光引擎】为【灯光缓存】,如图 4-106 所示。

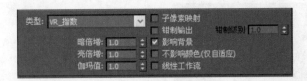

图 4-105　设置颜色贴图

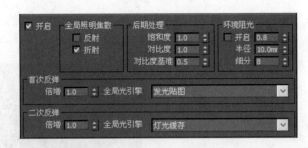

图 4-106　设置间接照明

(7) 打开【发光贴图】卷展栏,在【内建预置】选项组中设置发光贴图参数,如图 4-107 所示。

(8) 进入【V-Ray:灯光缓存】卷展栏,在【计算参数】选项组中设置【细分】值为"1000",如图 4-108 所示。

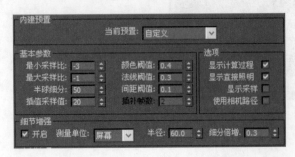

图 4-107　设置发光贴图参数

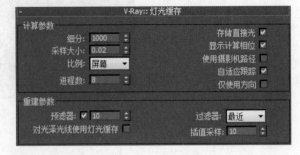

图 4-108　设置灯光缓存参数

(9) 在【V-Ray:确定性蒙特卡洛采样器】卷展栏中设置参数,如图 4-109 所示。

图 4-109　设置确定性蒙特卡洛采样器参数

（10）设置保存发光贴图，在【发光贴图】卷展栏中，勾选在渲染结束后选项组中的【不删除】和【自动保存】复选框，单击【自动保存】后面的【浏览】按钮，弹出【自动保存发光贴图】对话框，输入要保存的文件名，选择保存的路径并保存文件，如图 4-110 所示。

（11）设置保存灯光缓存，在【灯光缓存】卷展栏中，勾选在渲染结束后选项组中的【不删除】和【自动保存】复选框，单击【自动保存】后面的【浏览】按钮，弹出【自动保存发光贴图】对话框，输入要保存的文件名，选择保存的路径，并保存文件如图 4-111 所示。

图 4-110　保存发光贴图　　　　　　　　　　　　　　　　图 4-111　保存灯光缓存

（12）按【F9】键对摄影机视图 01 进行渲染，效果如图 4-112 所示。这次设置了较高的渲染采样参数，也增加了渲染时间。

（13）最终渲染效果如图 4-113 所示。

图 4-112　渲染发光贴　　　　　　　　　　　　　　　　图 4-113　最终渲染效果

二、最终渲染

（1）当发光贴图计算及其渲染完成后，在【渲染场景】对话框的【公用】选项卡下的【输出大小】下设置最终渲染图像尺寸，如图 4-114 所示。

图 4-114　设置最终渲染尺寸

（2）拾取发光贴图。单击【浏览】按钮，在弹出的选择【发光贴图文件】对话框中选择保存好的发光贴图，单击【打开】按钮，如图 4-115 所示。

（3）在【灯光缓存】卷展栏中进行同样的拾取操作，如图 4-116 所示。

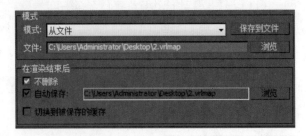

图 4-115　拾取发光贴图　　　　　　　　　　　　　　　　　　　　　图 4-116　拾取灯光缓存

（4）渲染完成后，在【Camera01】窗口中单击【保存】按钮，在弹出的【浏览器图像供输出】对话框中输入位图名称"茶室"，选择输出位图的类型为【Jpeg 图像文件】，单击【保存】按钮，然后在弹出的【jpeg 图像控制】对话框中单击【确定】按钮，最终渲染完成的效果如图 4-117 所示。

图 4-117　最终渲染完成的效果

模块九　后期处理

渲染出来的茶室效果图由于材质、灯光设置、背景图片等方面的因素，可能渲染出来的效果图不尽如人意，需要对茶室效果图进行色彩、亮度和对比度灯方面的调整。

（1）运行 Photoshop CS5 软件，打开保存的茶室效果图，如图 4-118 所示。

（2）调整位图的亮度和对比度。选择工具栏上的【图像】中的【调整】中的【亮度/对比度(C)...】命令，调整位图的亮度和对比度，如图 4-119 所示。

（3）为了使画面更加鲜艳，可以选择工具栏上的【图像】中的【调整】中的【色相/饱和度(H)...】命令，调整画面的饱和度和明暗，如图 4-120 所示。

（4）为了使图片更加清晰，选择【滤镜】中的【锐化】中的【USM 锐化】命令，设置数量为 45，其他参数保持不变。对位图进行适当的"锐化"处理，如图 4-121 所示。

（5）完成图像的调整，然后将文件存盘，如图 4-122 所示。至此本示例操作完成。

图 4-118　运行 Photoshop CS5 软件

图 4-119　调整效果图的亮度及对比度

图 4-120　调整效果图的色相及饱和度

图 4-121　对效果图进行"USM 锐化"处理

图 4-122　最终效果

Max Shinei Sheji he Jingguan Sheji Xiaoguotu Xiangmushi Jiaoxue Shixun Jiaocheng

项目训练五

小区大门效果图制作

小区大门设计理念应新颖独特、美观大方,不仅要与周围的环境相协调,还要与小区的建筑群风格相一致、融为一体,不破坏原有的风貌。另外,小区大门的设计还应该考虑有引导行人和车辆出入与聚散的作用,标志出院落的出入口。

第一部分
小区大门效果图目标任务及活动设计

一、教学目标

最终目标:

运用 3ds Max 2012 建模工具及 VRay 渲染器制作小区大门效果图。

促成目标:

(1)熟练应用 3ds Max 2012 软件的基本操作;

(2)运用 VRay 材质编辑各类材质;

(3)在小区大门场景中运用 VRay 阳光、VRay 灯光、光度学灯光;

(4)运用 VRay 渲染器设置及渲染输出小区大门效果图。

二、工作任务

(1)运用 3ds Max 2012 建模命令制作小区大门模型。

(2)掌握 VRay 材质与 VRay 材质贴图的使用方法。

(3)通过小区大门灯光的布置及渲染的设置来掌握效果图制作的方法。

三、活动设计

1. 活动思路

以一张小区大门效果图作为载体,通过示范教学让学生掌握运用 3ds Max 2012 中的建模工具中的建模方法制作大门的墙体三维,运用建模工具创建小区大门墙 1、传达室、围墙等,学习使用 VRay 材质编辑器制作小区大门的墙体材质、围墙材质、地砖材质等,使用 VRay 阳光模拟小区大门日景效果制作流程来组织活动。学生通过练习小区大门的效果图,掌握室外效果图的基本方法。

2. 活动组织

活动组织的相关内容见表 5-1。

表 5-1　活动组织的相关内容

序号	活动项目	具体实施	课时	课程资源
1	建模工具讲解	运用 3ds Max 2012 建模工具制作小区大门模型	20	图形工作站,3ds Max 软件、模型库等
2	VRay 材质的制作编辑	对 VRay 材质的制作进行讲解、示范	10	图形工作站,3ds Max 软件、材质库等
3	VRay 灯光设置	对灯光进行讲解,并进行示范操作	10	图形工作站,3ds Max 软件、光域网文件等
4	渲染出图	对 VRay 渲染器讲解,用 VRay 渲染器渲染出小区大门效果图	8	图形工作站,3ds Max 软件

四、活动评价

活动评价见表 5-2。

表 5-2 活动评价

评价等级	评 价 标 准
优秀	掌握了小区大门效果图制作步骤与方法,模型制作精细,材质、灯光处理效果真实,模型透视关系好
合格	掌握了小区大门效果图制作步骤与方法,有一定模型制作的能力,材质、灯光处理效果一般
不合格	熟悉了小区大门效果图制作步骤与方法,模型的制作能力差,材质、灯光处理效果差

第二部分
小区大门效果图项目内容

模块一　创建小区大门装饰墙 1

一、设置单位

(1) 在进行建模之前,先要将系统的单位设置为"毫米",可以参考【项目训练二】中的操作。

(2) 调整导入的平面图,依照【项目训练二】的创建步骤导入大门平面图,平面图配套光盘中的【项目训练五】目录下的【大门平面图 dwg】文件,导入的方法可以参照【项目训练二】的导入方法,其完成的效果如图 5-1 所示。

(3) 选择大门平面图,单击菜单【组】中的【组名】命令,并命名为"小区大门平面图",如图 5-2 所示。

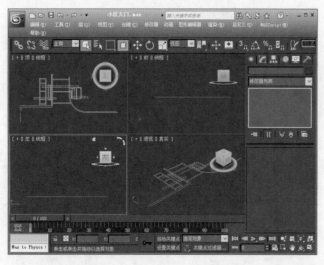

图 5-1 导入某小区平面图

图 5-2 成组

(4) 选择"小区大门平面图",单击鼠标右键,弹出快捷菜单,选择【冻结当前选择】命令,如图 5-3 所示。

(5) 用同样的方法,导入"装饰墙 1"立面图,如图 5-4 所示。

(6) 导入立面施工图后,在【选择并旋转】按钮 上单击鼠标右键,在弹出的【旋转变换输入】对话框中【偏移屏幕】下的 XY 轴数值框中输入"90",输入后的效果如图 5-5 所示。

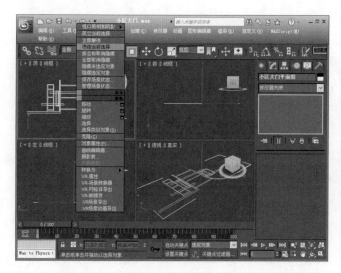

图 5-3　冻结物体

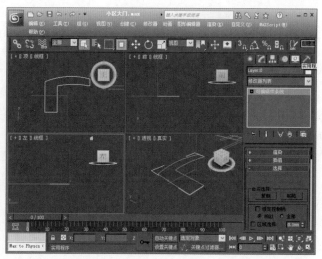

图 5-4　导入立面图

（7）选择导入后的立面施工图，打开【修改面板】，修改平面图的名称为"大门墙 1"，打开名称下方【修改器列表】右边的下拉菜单，在【修改器列表】中选择【挤出】修改器，如图 5-6 所示。

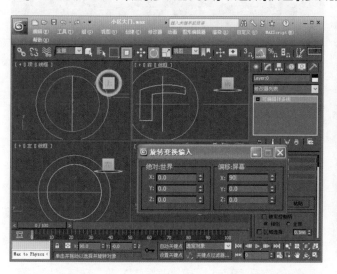

图 5-5　选择并旋转对象

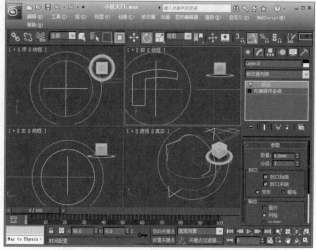

图 5-6　添加挤出修改器

（8）加入【挤出】修改器后，将挤出的【数量】设置为"600 mm"，这是墙体的宽度，如图 5-7 所示，这样就完成了墙体基本轮廓的创建。

（9）在顶视图和前视图中移动位置后如图 5-8 所示。

二、创建金属标志牌

（1）打开【创建面板】下的【图形创建】面板，单击【矩形】按钮，在前视图中创建一个长度为"2600 mm"、宽度为"1800 mm"的矩形，并命名为"标志牌"，如图 5-9 所示。

（2）打开【修改面板】，为矩形加入【编辑样条线】修改器，然后进入【样条线】子对象层级，制作内轮廓，轮廓值为"50"，并命名为"标志牌轮廓"如图 5-10 所示。

（3）退出【样条线】子对象层级，加入【挤出】修改器，设置挤出的【数量】为"50 mm"，如图 5-11 所示。

（4）在前视图中创建一个长为"2560 mm"、宽为"1760 mm"、高度为"10 mm"的长方体，命名为"标志牌底板"，然后在顶视图中调整其位置，如图 5-12 所示。

（5）选择"标志牌轮廓""标志牌底板"，选择【组】菜单中的【成组】命令，组名为"金属标志牌"，然后按【确定】按钮，在顶视图和前视图移动如图 5-13 所示。

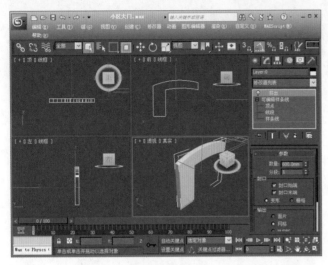

图 5-7　设置挤出参数

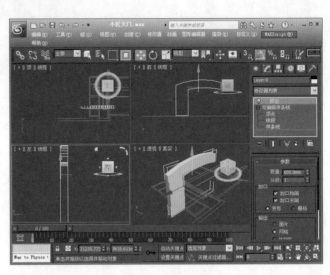

图 5-8　调整位置

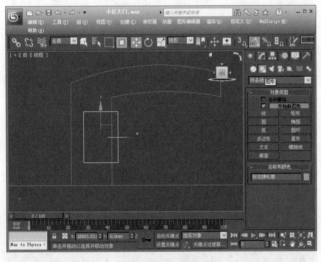

图 5-9　创建矩形

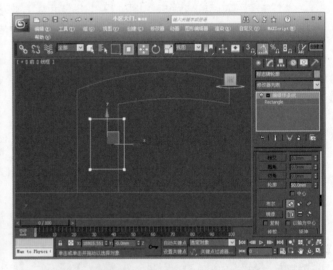

图 5-10　设置轮廓值

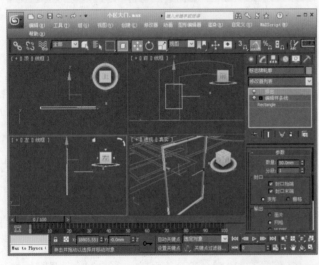

图 5-11　设置挤出数量

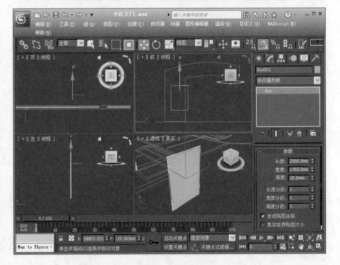

图 5-12　创建长方体

（6）导入装饰"大门装饰墙 2"施工图,在前视图中旋转 90°,选择【挤出】命令,挤出数量为"600 mm",在顶视图和前视图中移动位置如图 5-14 所示。

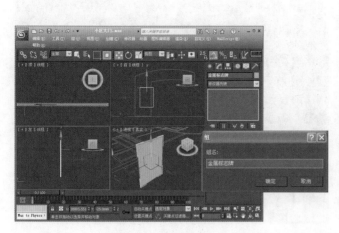

图 5-13　成组物体

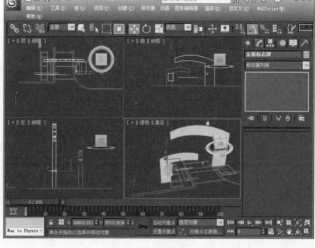

图 5-14　设置挤出参数

（7）用同样的方法，制作"大门装饰墙 3"，位置和效果如图 5-15 所示。

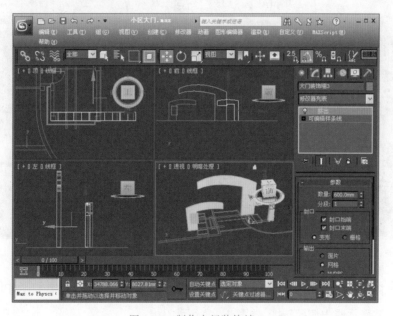

图 5-15　制作大门装饰墙 3

模块二　制作小区大门传达室

（1）设置捕捉方式，在【捕捉开关】 2.5 上面单击鼠标右键，打开【栅格和捕捉设置】对话框，勾选【顶点】捕捉方式，切换到选项面板，勾选【捕捉到冻结对象】，关闭对话框，如图 5-16 所示。

（2）进入【创建面板】中的【图形面板】，单击【线】按钮，在顶视图中参照"传达室 CAD 平面图"内轮廓绘制一条封闭的曲线，命名为"传达室墙体"，如图 5-17 所示。

（3）进入【修改面板】，进入【样条线】子对象层级，选择样条线，设置样条线的【轮廓】值为"－240 mm"，制作出样条线内轮廓，如图 5-18 所示。

（4）进入【挤出】修改器，设置【挤出】的数量为"4370 mm"，这是墙的高度，单击工具栏上的【选择并移动】工具按钮 ，在顶视图和前视图中调整其位置，如图 5-19 所示。

（5）在顶视图中创建一个长度为"2500 mm"、宽度为"3580 mm"、高度为"2650 mm"的长方体，单击工具栏中

图 5-16　设置捕捉

图 5-17　绘制线

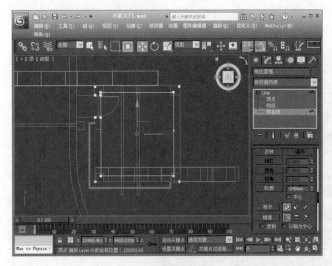

图 5-18　设置轮廓值

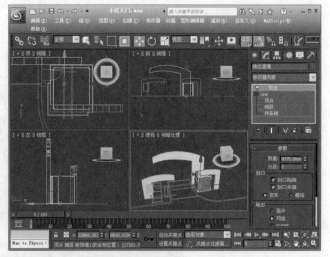

图 5-19　设置挤出高度

【捕捉开关】按钮,打开【捕捉开关】,再单击工具栏上的【选择并移动】按钮 ,在顶视图和前视图中移动其位置,距离墙体底部"800 mm",然后退出捕捉功能,如图 5-20 所示。

　　(6)选择"传达室墙",单击菜单【创建】中的【几何体】中的【复合对象】,选择【布尔】命令,在【拾取布尔】卷展栏下单击【拾取操作对象 B】按钮,在透视图中单击长方体完成布尔运算,完成后的效果如图 5-21 所示。

　　(7)用同样的方法创建传达室的门,如图 5-22 所示。

　　(8)在顶视图中创建一条曲线,命名为"外墙线",位置如图 5-23 所示。

　　(9)单击【矩形】按钮,在前视图中创建一个【长度】为"100 mm"、【宽度】为"150 mm"的矩形,命名为"外墙截面",如图 5-24 所示。

　　(10)打开【修改面板】,为"外墙截面"加入【编辑样条线】修改器,进入【顶点】子对象层级,选择【优化】命令,增加 4 个顶点,如图 5-25 所示。

　　(11)选择【选择并移动】工具 ,调整顶点的位置,最终效果如图 5-26 所示。

　　(12)选择外墙线,打开【修改面板】,选择【倒角剖面】命令,为其加入倒角剖面修改,在【参数】卷展栏单击【拾取剖面】按钮,选择外墙截面,并命名为"外墙 1",最终效果如图 5-27 所示。

　　(13)在顶视图和前视图中移动位置如图 5-28 所示。

　　(14)在前视图中复制一个,命名为"外墙 2",在顶视图和前视图中移动位置如图 5-29 所示。

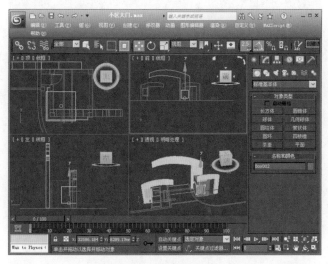

图 5-20　制作长方体

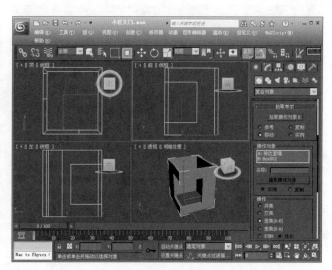

图 5-21　进行布尔运算

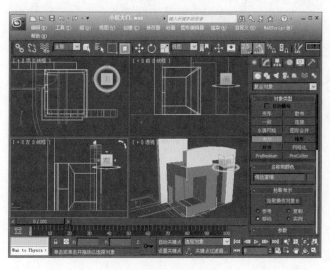

图 5-22　制作传达室门

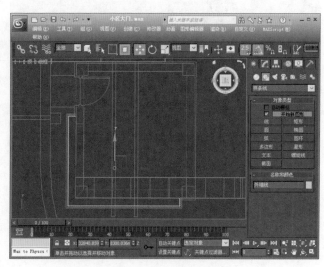

图 5-23　制作外墙线

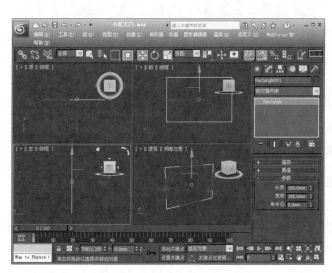

图 5-24　制作矩形

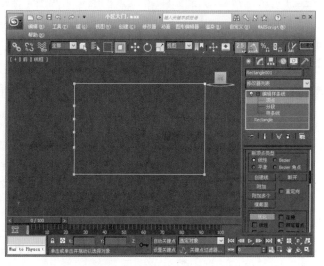

图 5-25　优化顶点

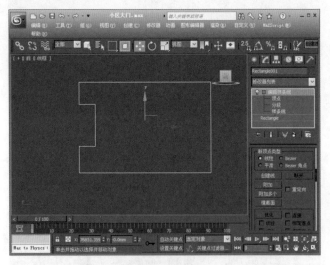

图 5-26 调整顶点

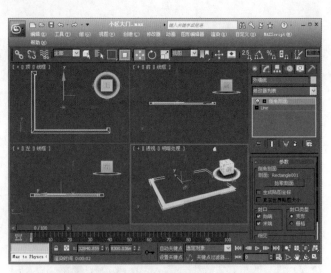

图 5-27 设置倒角剖面

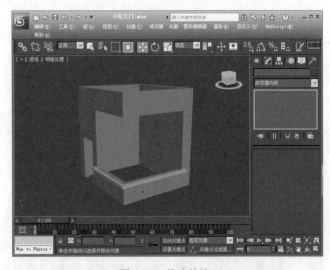

图 5-28 移动外墙 1

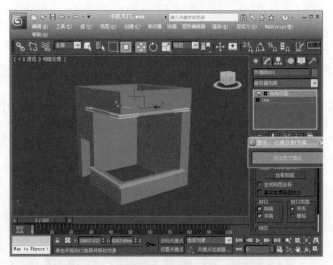

图 5-29 复制外墙

(15) 在顶视图中创建一个【长度】为"40 mm"、【宽度】为"40 mm"、【高度】为"2600 mm"的长方体,再单击工具栏上的【选择并移动】按钮 ⊕ ,在顶视图和前视图中移动其位置,将其命名为"窗格 1",如图 5-30 所示。

(16) 选择"窗格 1",按住【Shift】键,在左视图中沿 X 轴拖动复制,在弹出的【克隆选项】中将【副本数】设置为"7",将复制出"窗格"移动好位置后如图 5-31 所示。

(17) 在顶视图中创建一个长度为"4100 mm"、宽度为"3750 mm"、高度为"－5 mm"的长方体,单击工具栏中【捕捉开关】按钮,打开【捕捉开关】,选择【顶点】捕捉,再单击工具栏上的【选择并移动】按钮 ⊕ ,在顶视图和前视图中移动其位置,然后退出捕捉功能,将其命名为"地面",如图 5-32 所示。

(18) 选择传达室"地面",按住【Shift】键,在左视图中沿 Y 轴拖动复制,在弹出的【克隆选项】中将【副本数】设置为"1",并命名为"顶",将复制出"顶"移动好位置后如图 5-33 所示。

(19) 单击【线】按钮,在前视图中创建一条曲线,如图 5-34 所示。

(20) 进入【修改面板】,进入【样条线】子对象层级,设置样条线轮廓值为"50 mm",制作出样条线轮廓,如图 5-35 所示。

(21) 进入【挤出】修改器,设置挤出数量为"50 mm",移动并复制 1 个,同时,在前视图中制作两个横向的曲线物体,制作好的造型如图 5-36 所示。

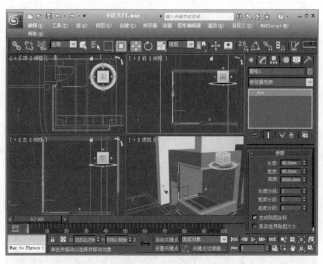

图 5-30　制作窗格 1

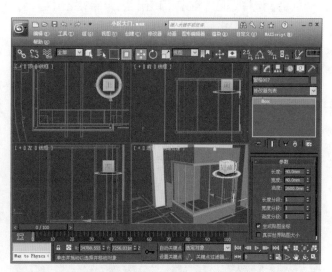

图 5-31　复制窗格 1

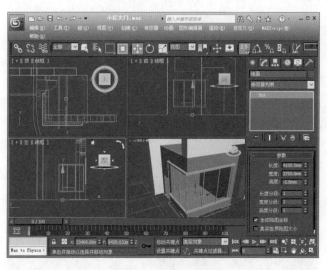

图 5-32　制作地面

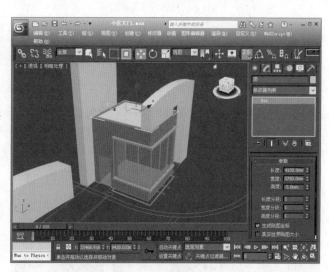

图 5-33　制作顶

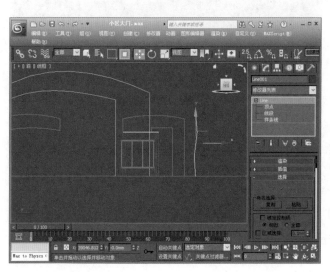

图 5-34　绘制线

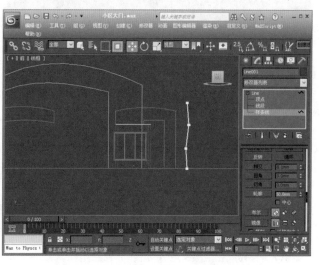

图 5-35　设置轮廓值

(22)选择这四个物体,单击【组】菜单,点击【组名】命令,在弹出的【组】对话框中设置组名为"外墙装饰",在顶视图和前视图中移动位置如图 5-37 所示。

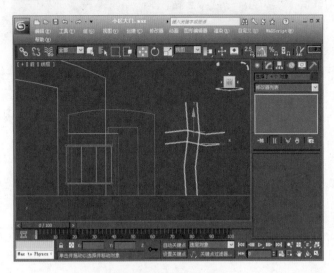

图 5-36　复制曲线造型

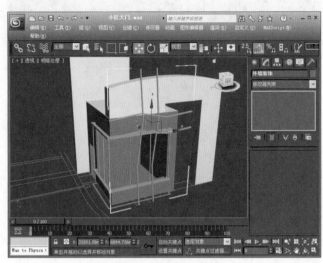

图 5-37　成组外墙装饰

(23)在顶视图中创建一个【长度】为"4600 mm"、【宽度】为"50 mm"、【高度】为"300 mm"的长方体,在顶视图和左视图中选择【选择并移动】工具 ,调整其位置,将其命名为"外墙装饰 2",如图 5-38 所示。

(24)参照前面的步骤,复制另一个"外墙装饰 3",复制后的效果如图 5-39 所示。

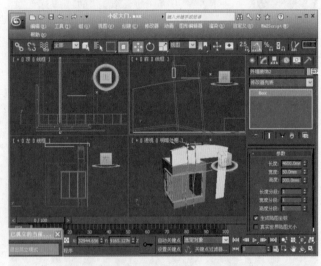

图 5-38　制作长方体

图 5-39　复制外墙装饰 3

模块三　制作栏杆

(1)在顶视图中创建一个【长度】为"330 mm"、【宽度】为"315 mm"、【高度】为"1500 mm"的长方体,在顶视图和左视图中选择【选择并移动】工具 调整其位置,将其命名为"栏杆 1",如图 5-40 所示。

(2)在前视图中创建一个【长度】为"100 mm"、【宽度】为"6000 mm"、【高度】为"100 mm"的长方体,在顶视图和左视图中选择【选择并移动】工具 调整其位置,将其命名为"栏杆 2",如图 5-41 所示。

(3)移动后的最终效果如图 5-42 所示。

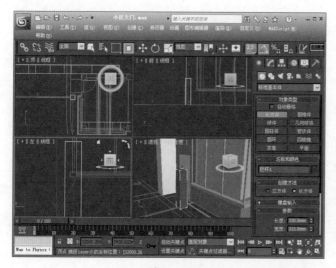

图 5-40 制作栏杆 1

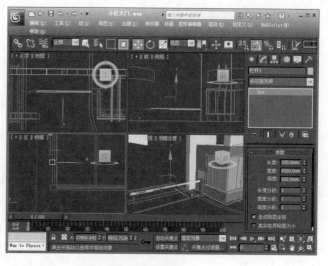

图 5-41 制作栏杆 2

图 5-42 移动后的效果

模块四 创建大门墙 4

（1）进入【创建面板】中的【图形创建】面板，单击【矩形】按钮，在前视图中创建一个长度为"8750 mm"、宽度为"1050 mm"的矩形，将其命名为"大门墙 4"，如图 5-43 所示。

（2）进入【修改面板】，为"大门墙 4"加入【编辑样条线】修改器，进入【线段】子对象层级，选择矩形下边的线段，按【Delete】键删除这条线段，进入【样条线】子对象层级，选择样条线，设置样条线的【轮廓】值为"240 mm"，制作出样条线内轮廓，如图 5-44 所示。

（3）进入【挤出】修改器，设置【挤出】的数量为"5850 mm"，这是"大门墙 4"的长度，单击工具栏上的【选择并移动】工具 ，在顶视图和前视图中选择【选择并移动】工具调整其位置，如图 5-45 所示。

（4）单击【线】按钮，在前视图中创建一条曲线，参考大门墙内侧，如图 5-46 所示。

（5）进入【修改面板】，进入【样条线】子对象层级，设置样条线轮廓值为"50 mm"，制作出样条线轮廓，如图 5-47 所示。

（6）进入【挤出】修改器，设置挤出数量为"50 mm"，镜像复制 1 个，移动调整好位置后如图 5-48 所示。

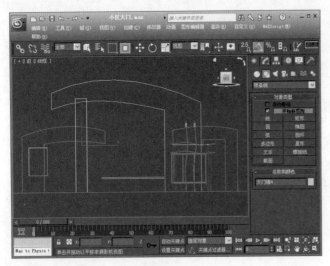

图 5-43　制作矩形

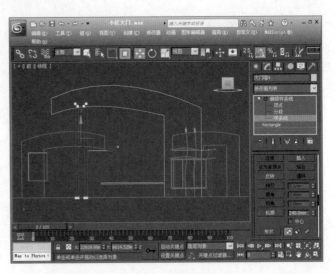

图 5-44　设置轮廓值

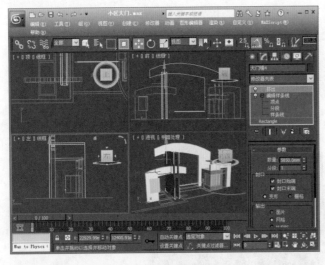

图 5-45　调整位置

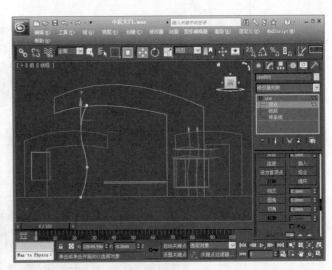

图 5-46　绘制线

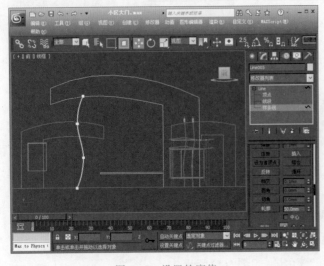

图 5-47　设置轮廓值

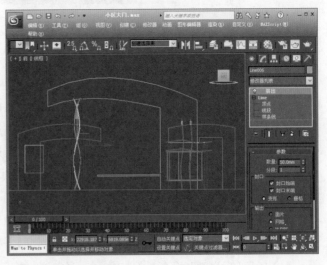

图 5-48　复制镜像物体

模块五　创建围墙

（1）在顶视图中创建【长度】为"250 mm"、【宽度】为"10000 mm"、【高度】为"4300 mm"的长方体,名称为"大门围墙",在顶视图和前视图中移动位置如图 5-49 所示。

（2）选择"大门围墙",鼠标右键单击工具栏上的【选择并旋转】按钮 ,在弹出的【旋转变换输入】对话框的【绝对:世界】中的 Z 坐标上输入"15",将"大门围墙"沿 Z 轴旋转 15°,然后关闭对话框,如图 5-50 所示。

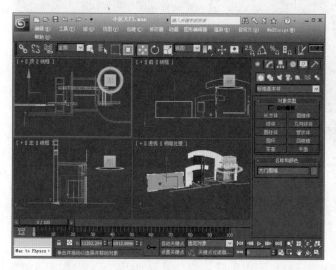

图 5-49　创建长方体

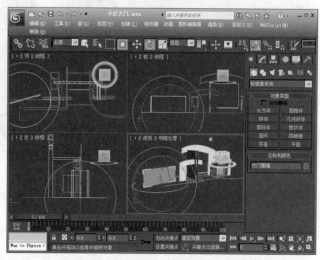

图 5-50　旋转物体

（3）选择"大门围墙"单击【镜像】复制按钮,在弹出的【镜像】对话框中选择镜像轴为【X】,复制当前选择为"实例",单击【确定】按钮,镜像复制了一个大门围墙,移动后的位置如图 5-51 所示。

（4）合并植物。单击菜单栏左端的 按钮,选择【导入】中的【合并】命令,在弹出的【合并文件】对话框中,打开随书光盘中的【项目实训五】目录下的【精美的小竹子盆景 3D 模型. max】文件,如图 5-52 所示。

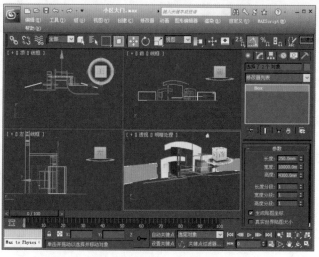

图 5-51　镜像复制对象

图 5-52　选择合并菜单

（5）在弹出【合并-精美的小竹子盆景 3D 模型. max】对话框中,取消"灯光"和"摄影机"的勾选,然后单击 全部(A) 按钮,选中所有的模型部分,将它们合并到场景中来,如图 5-53 所示。

（6）在顶视图和前视图中选中"竹子",复制一组,并调整其位置,如图 5-54 所示。

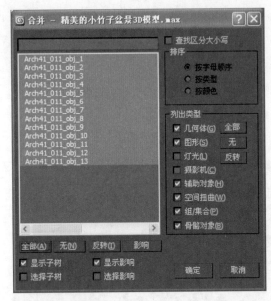

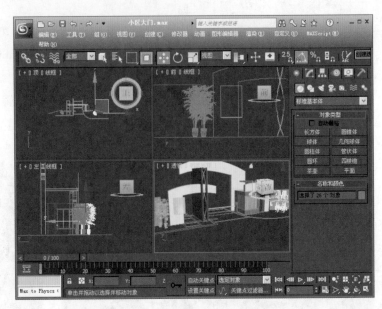

图 5-53　选择合并对象　　　　　　　　　　　　图 5-54　复制调整竹子的位置

模块六　创建摄影机

　　为了在渲染时得到更好的透视效果,需要在场景中创建摄影机,可以创建一个,也可以创建多个摄影机,以便随时切换各摄影机的角度。创建摄影机后,就可以很方便地调整摄影机的角度和取景范围。

　　(1)进入【摄影机】创建面板,单击【目标】按钮,在顶视图中创建一架"目标摄影机",并调整摄影机和摄影机目标点的位置,如图 5-55 所示。

　　(2)进入【修改面板】,修改摄影机的视野角度,并激活透视图,在透视图中按下键盘上的【C】键,将透视图转换为摄影机视图,如图 5-56 所示。

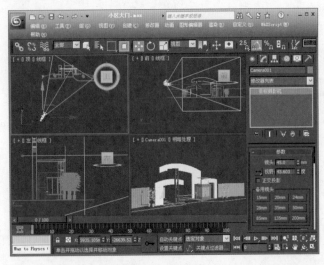

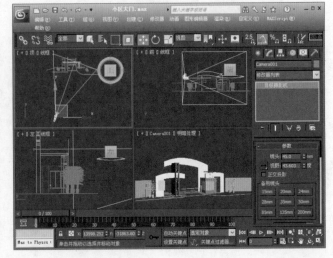

图 5-55　创建摄影机　　　　　　　　　　　　图 5-56　摄影机视图

　　(3)在【创建面板】中单击【显示】按钮,在【按类别隐藏】卷展栏中勾选【摄影机】复选框,将摄影机隐藏,如图 5-57 所示。

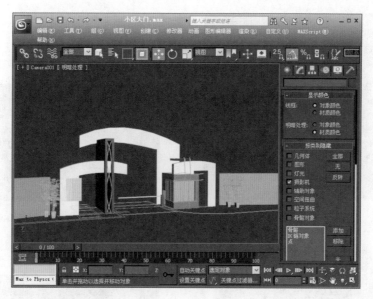

图 5-57　隐藏摄影机

模块七　设置渲染器

（1）单击【渲染设置对话框】按钮，在弹出的【渲染场景：默认扫描线渲染器】对话框中的【公用】面板下打开【指定渲染器】卷展栏，单击【产品级：默认扫描线渲染器】右边的按钮，在弹出的【选择渲染器】对话框中选择【V-Ray Adv 2.10.01】渲染器单击【确定】完成渲染器的更改，如图 5-58 所示。

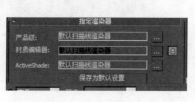

图 5-58　设置 VRay 渲染器

（2）设置测试渲染参数。按【F10】键打开【渲染设置】对话框，进入【V-Ray】面板，打开【全局开关】卷展栏，设置全局参数，把默认灯光复选框设置为"关"，如图 5-59 所示。

（3）打开【V-Ray：图像采样器（反锯齿）】卷展栏，为了提高渲染速度，可以将【图像采样器】的【类型】设置为【固定】，并取消【抗锯齿过滤器】选项，如图 5-60 所示。

（4）进入【间接照明】面板，打开【V-Ray：间接照明（GI）】卷展栏，勾选"开"复选框开启间接照明，然后设置【首次反弹：全局照明引擎】为【发光图】、【二次反弹：全局照明引擎】为【灯光缓存】，使场景接受全局间接照明，如图 5-61 所示。

（5）在【V-Ray：发光图[无名]】卷展栏中，设置发光贴图参数如图 5-62 所示。【发光贴图】卷展栏可以调节发光贴图的各项参数，该卷展栏只有在发光贴图被指定为当前初级漫射反弹引擎的时候才能被激活。

（6）在【灯光缓存】卷展栏中，设置【V-Ray：灯光缓存】，参数如图 5-63 所示。

（7）进入【间接照明】面板，打开【V-Ray：环境】卷展栏，在【全局照明环境（天光）覆盖】区域，勾选"开"复选框开启环境，如图 5-64 所示。

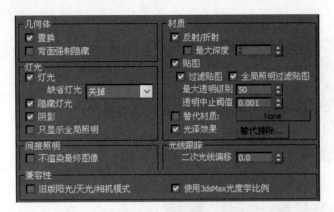

图 5-59　设置全局开关参数

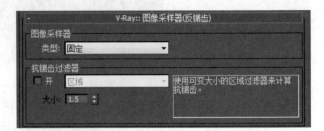

图 5-60　设置图像采用参数对话框

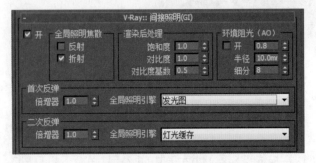

图 5-61　设置间接照明参数

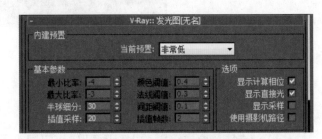

图 5-62　设置发光贴图参数

图 5-63　设置灯光缓存参数

图 5-64　设置环境参数

（8）在【V-Ray：:颜色贴图】卷展栏中，设置颜色贴图区域中的【类型】为指数方式，如图 5-65 所示。

（9）基本参数设置完成后，按【F9】键开始渲染，效果如图 5-66 所示。

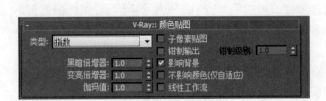

图 5-65　设置颜色贴图参数

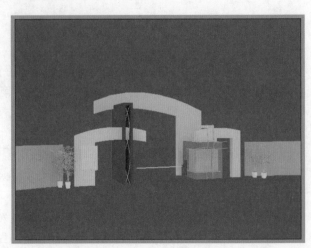

图 5-66　渲染后的效果

模块八　设置材质

一、花岗岩材质

（1）打开【材质编辑器】，选择一个材质球，将材质的名称修改为"花岗岩"，在材质编辑器中，将其指定为 VRay 材质类型，单击漫反射后的　　按钮，在弹出的【材质/贴图浏览器】对话框中选择【标准贴图】下的【位图】，在弹出的【选择位图文件】对话框中选择配套光盘下【项目训练五】目录下的【花岗岩 2】图片文件，在【坐标】卷展栏下设置【模糊】为 0.5，如图 5-67 所示。

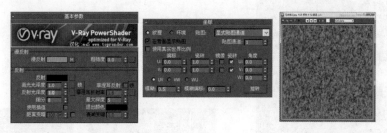

图 5-67　设置花岗岩材质对话框

（2）单击【反射】后面的　　按钮，在【材质/贴图浏览器】对话框中选择【衰减】贴图，如图 5-68 所示。

（3）在【衰减参数】卷展栏下设置参数，设置衰减类型为【Fresnel】，如图 5-69 所示。

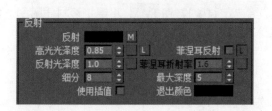

图 5-68　设置反射贴图对话框

图 5-69　设置衰减类型对话框

（4）单击转为父对象按钮，返回父级。在【贴图】卷展栏下设置【反射】参数为"100"，并将漫反射贴图拖动复制到凹凸贴图通道中，设置参数，如图 5-70 所示。

（5）在摄影机视图中选择"装饰墙 3"，然后打开【修改面板】，为其添加【UVW Map】修改命令，单击【将材质指定给选定对象】按钮　　，将地板材质赋予选择的模型，设置参数如图 5-71 所示。

图 5-70　设置凹凸贴图

图 5-71　添加 UVW Map 参数

二、铝扣板材质

(1) 选择一个材质球,将材质的名称修改为"铝扣板",如图 5-72 所示。

(2) 在材质编辑器中,将其指定为 VRay 材质类型,单击漫反射后的按钮 ，在弹出的【材质/贴图浏览器】对话框中选择【标准贴图】下的【位图】,在弹出的【选择位图文件】对话框中选择配套光盘下【项目训练五】目录下的【铝扣板】图片文件,设置反射通道颜色为(R:30,G:30,B:30),设置【高光光泽度】为"0.8",设置【反射光泽度】为"0.85",勾选【菲涅耳反射】,如图 5-73 所示。

图 5-72　设置铝扣板材质

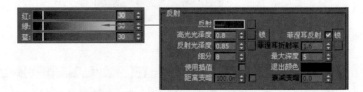

图 5-73　设置材质参数对话框

(3) 在视图中"选装饰墙 1""装饰墙 2"模型,单击【将材质指定给选定对象】按钮 ，将铝扣板材质赋予选择的模型,为其添加【UVW Map】修改命令,设置参数如图 5-74 所示。

三、围墙材质

(1) 打开【材质编辑器】,选择一个材质球,将材质的名称修改为"墙砖",如图 5-75 所示。

图 5-74　设置 UVW Map 参数

图 5-75　设置墙砖材质参数

(2) 在材质编辑器中,将其指定为 VRay 材质类型,单击漫反射后的 按钮,在弹出的【材质/贴图浏览器】对话框中选择【漫反射:贴图】下的【位图】,在弹出的【选择位图文件】对话框中选择配套光盘下【项目训练五】目录下的的【外墙 2】图片文件,如图 5-76 所示。

(3) 单击【反射】后面的按钮 ，在【材质/贴图浏览器】对话框中选择【衰减】贴图,如图 5-77 所示。

(4) 在【衰减参数】卷展栏下设置参数,设置衰减类型为【Fresnel】,如图 5-78 所示。

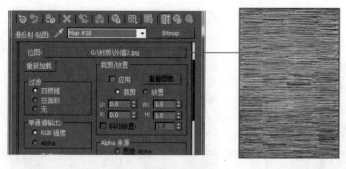

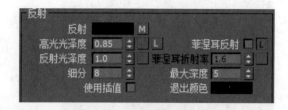

图 5-76　选择外墙图片　　　　　　　　图 5-77　设置反射贴图

（5）单击转为父对象按钮，返回父级。在【贴图】卷展栏下设置【反射】贴图为"40"，并将漫反射贴图拖动复制到凹凸贴图通道中，设置参数如图 5-79 所示。

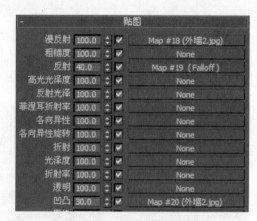

图 5-78　设置衰减参数　　　　　　　　图 5-79　设置凹凸贴图参数

（6）在摄影机视图中选择"大门围墙"，然后打开【修改面板】，为其添加【UVW Map】修改命令，单击【将材质指定给选定对象】按钮，将地板材质赋予选择的模型，设置参数如图 5-80 所示。

四、外墙 2 材质

（1）选择一个材质球，并设置材质的基本参数，将材质的名称修改为"外墙 2"，如图 5-81 所示。

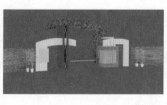

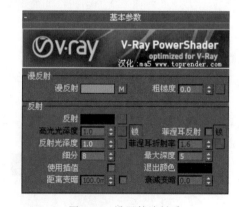

图 5-80　设置 UVW Map 参数　　　　　图 5-81　设置外墙材质

（2）在材质编辑器中，将其指定为 VRay 材质类型，单击【漫反射】后面的　按钮，在弹出的【材质/贴图浏览器】对话框中选择【漫反射：贴图】下的【位图】，在弹出的【选择位图文件】对话框中选择配套光盘下【项目训练五】目录下的【外墙】图片文件，如图 5-82 所示。

（3）然后在【贴图】卷展栏把漫反射通道贴图拖到凹凸通道中，设置【凹凸】值为"30"，其他参数保持默认设置即可，如图 5-83 所示。

图 5-82　选择贴图

图 5-83　设置凹凸贴图

(4) 设置完成后的外墙材质赋予"外墙 2"模型,单击【将材质指定给选定对象】按钮 ,将地板材质赋予选择的模型,为其添加【UVW Map】修改命令,设置参数如图 5-84 所示。

(5) 用同样的方法赋予"大门墙 4"材质,效果如图 5-85 所示。

图 5-84　设置贴图后的效果

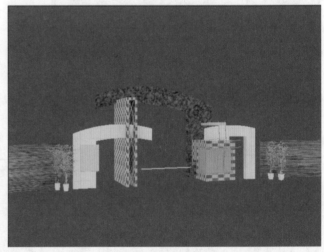

图 5-85　设置大门墙 4 材质后的效果

五、玻璃材质

(1) 选择一个材质球,将材质的名称修改为"玻璃",在材质编辑器中,将其指定为 VRay 材质类型,设置【漫反射】通道的颜色为"白色",设置【反射】通道的颜色为"白色",让材质完全反射,勾选【菲涅耳反射】,设置【折射】通道的颜色为"白色",表示材质完全透明,设置【折射率】为"1.6",这是玻璃的折射率;设置完成的玻璃材质球效果如图 5-86 所示。

(2) 在视图中选中玻璃,单击 按钮,将玻璃材质赋予选择的模型。

六、乳胶漆材质

(1) 选择一个材质球,将材质的名称修改为"乳胶漆",在【漫反射】通道设置颜色为(R:246,G:255,B:247),设置【细分】值为"18",目的是得到更好的采样效果,如图 5-87 所示。

(2) 在视图中选中传达室内部墙体,单击【将材质指定给选定对象】按钮 ,将乳胶漆材质赋予选择的模型,效果如图 5-88 所示。

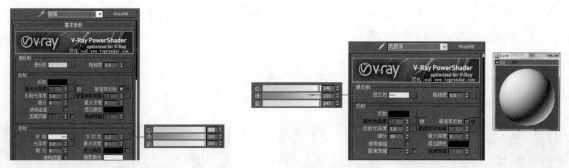

图 5-86　设置玻璃材质　　　　　　　　　　图 5-87　设置乳胶漆材质

七、镜面不锈钢材质

（1）选择一个材质球,将材质的名称修改为"不锈钢",在【漫反射】通道设置颜色为(R:20,G:20,B:20),在【反射】通道上设置颜色为(R:220,G:220,B:220),设置【高光光泽度】为"0.9"、【反射光泽度】为"0.85",设置【细分】值为"8",如图 5-89 所示。

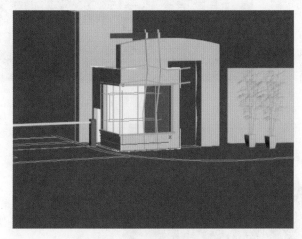

图 5-88　乳胶漆材质效果

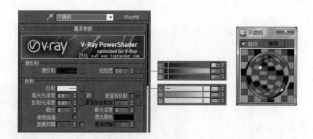

图 5-89　设置不锈钢材质

（2）单击 按钮,将不锈钢材质赋予"外墙装饰""窗格""装饰线"等模型,如图 5-90 所示。

八、竹子材质

（1）选择一个材质球,将材质的名称修改为"竹子",如图 5-91 所示。

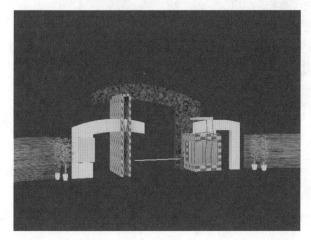

图 5-90　赋予不锈钢材质后的"外墙装饰""窗格""装饰线"的场景效果

图 5-91　设置竹子材质

（2）在材质编辑器中,将其指定为 VRay 材质类型,单击【漫反射】后面的 ■ 按钮,在弹出的【材质/贴图浏览器】对话框中选择【漫反射:贴图】下的【位图】,在弹出的【选择位图文件】对话框中选择配套光盘下【项目训练五】目录下的【竹子】图片文件,如图 5-92 所示。

（3）在【贴图】卷展栏里把【漫反射】通道贴图拖到凹凸通道中,设置【凹凸】值为"20",其他参数保持默认设置即可,如图 5-93 所示。

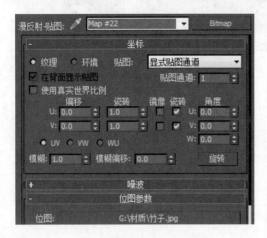

图 5-92　选择竹子图片　　　　　　　　　　　　　　　　图 5-93　设置凹凸材质

（4）设置完成后的外墙材质赋予竹子模型,单击将【材质指定给选定对象】按钮 ,将竹子材质赋予选择的模型,为其添加【UVW Map】修改命令,设置参数如图 5-94 所示。

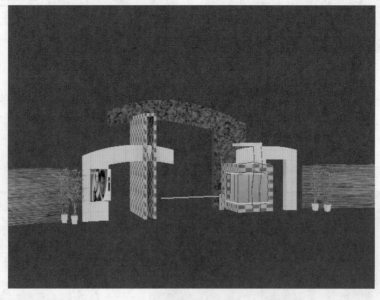

图 5-94　赋予竹子模型场景效果图

模块九　设置场景灯光

（1）主光源的设置,创建一个 VRay 太阳来模拟白天的阳光,VRay 太阳在模型中的位置和参数设置如图 5-95 所示。

（2）灯光设置完成以后,按快捷键【F9】进行测试渲染,测试渲染效果如图 5-96 所示。

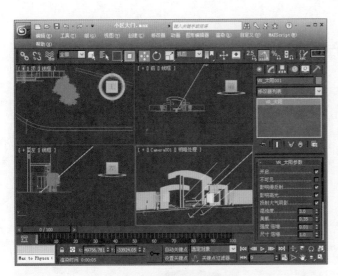

图 5-95　创建太阳光

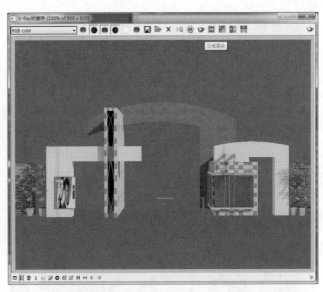

图 5-96　创建阳光后的效果

（3）观察测试效果，感觉阳光的角度和强度都很适合，暂时不需要修改。下面进行其他光源的设置，感觉画面的亮度不够，提高画面的亮度可以通过调节伽玛值参数来实现。

（4）展开【颜色】贴图卷展栏，设置【伽玛值】参数为"1.2"，如图 5-97 所示。

图 5-97　设置颜色映射参数

（5）灯光设置完毕后，按快捷键【F9】进行测试渲染，测试渲染效果如图 5-98 所示。

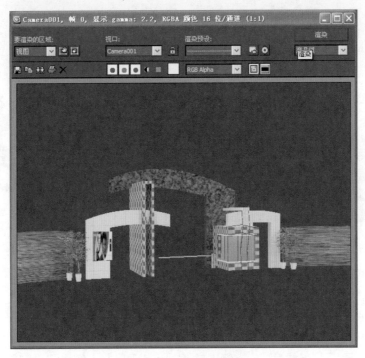

图 5-98　渲染后的效果

模块十　后期处理

渲染出来的小区大门效果图还没有背景图片、道路、行人等环境因素的的搭配,需要用 Photoshop 对其进行相关的处理。

(1) 运行 Photoshop CS5 软件,打开保存的小区大门效果图,如图 5-99 所示。

(2) 打开【图层】面板,在背景层上单击鼠标右键,点击【复制图层】,复制一个【背景副本】层,选择【魔棒工具】,选择小区大门图片灰色背景,按【Delete】键删除灰色的背景。完成后的效果如图 5-100 所示。

图 5-99　运行 Photoshop CS5 软件

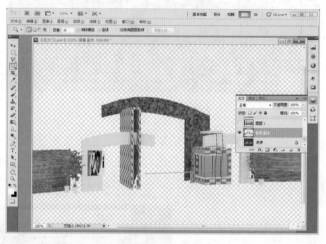

图 5-100　魔棒选区

(3) 按【Ctrl＋O】快捷键,打开配套光盘给定的【小区背景】图片,如图 5-101 所示。

(4) 将背景素材添加到场景中,并调整层的次序,按【Ctrl＋T】快捷键,调用【变换】命令,调整大小,如图 5-102 所示,按回车键应用变换。

图 5-101　背景素材

图 5-102　场景中添加背景图片

(5) 使用【多边形套索工具】,在场景中绘制,绘制如图 5-103 所示的选区。

(6) 将前景色设置为灰色,色值参考如图 5-104 所示。

(7) 选择填充工具,填充前景色,如图 5-105 所示。

(8) 用同样的方法填充地砖,如图 5-106 所示。

(9) 按【Ctrl＋O】快捷键,打开光盘给定的人物素材,使用【动工具】,人物移动复制到当前效果图操作中,如图 5-107 所示。

图 5-103　绘制多边形选区

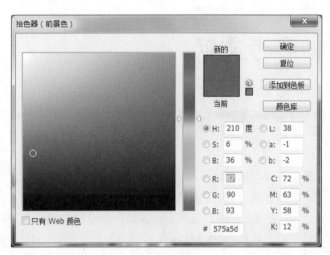

图 5-104　前景色色值参考

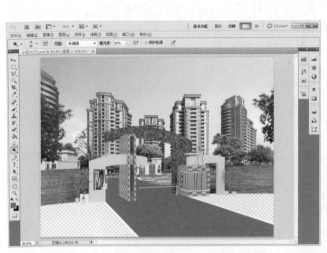

图 5-105　填充前景色

图 5-106　铺装地砖

图 5-107　添加人物后的效果

参考文献
References

[1] 王琦电脑动画工作室. 3ds max 5 白金手册[M]. 北京:北京科海电子出版社,2003.

[2] 高志清,科大工作室. 3DS MAX 效果图制作入门必读[M]. 北京:中国水利水电出版社,2003.

[3] 朱仁成,王翔宇. 3ds max 8 效果图专项实例训练[M]. 北京:电子工业出版社,2006.

[4] 东正科技组编. 3ds max 室内设计技能实训[M]. 北京:人民邮电出版社,2006.

[5] 龙马工作室. 3ds Max 8 完全自学手册[M]. 北京:人民邮电出版社,2007.

[6] 李斌,朱立银. 印象 3ds Max/VRay 室内家装效果图表现技法[M]. 北京:人民邮电出版社,2007.

[7] 尖峰科技. VRay 巅峰渲染从入门到精通[M]. 北京:中国青年出版社,2007.

[8] 夏素民,郭新房,等. 巧夺天工 3ds max 室内外效果图制作实例精讲[M]. 北京:清华大学出版社,2007.

[9] 袁紊玉,李茹菡,李晓鹏. 3ds max2010 效果图制作完全学习手册[M]. 北京:人民邮电出版社,2010.